PETER WOHLLEBEN

DER LANGE ATEM DER BÄUME

PETER WOHLLEBEN

DER LANGE ATEM DER BÄUME

Wie Bäume lernen,
mit dem Klimawandel umzugehen –
und warum der Wald uns retten wird,
wenn wir es zulassen

LUDWIG

MIX
Papier aus verantwortungsvollen Quellen
FSC® C014496
FSC
www.fsc.org

Klimaneutral*
Druckprodukt
ClimatePartner.com/14044-1912-1001

Penguin Random House Verlagsgruppe FSC® N001967

Everbook Werkdruckpapier FSC Mix aus 100 % Recycling
mit 1,75 f. Volumen, 80 gr – Farbe: elfenbein exklusiv erhältlich
bei der Inapa Deutschland

Originalausgabe 07/2021

Redaktion: Angelika Lieke
Umschlaggestaltung: Eisele Grafik-Design, München,
unter Verwendung der Fotos von Le Quang Nhut/Bigstock
und MoKa/iStock Photo (Vorderseite)
sowie Sandra Schmid/GettyImages (Rückseite)
Satz: Leingärtner, Nabburg
Druck und Bindung: GGP Media GmbH, Pößneck
Printed in Germany
ISBN: 978-3-453-28094-6

www.Ludwig-Verlag.de

Inhalt

Vorwort

Das Schicksal der Wälder und das der Menschheit sind untrennbar miteinander verbunden. Und das ist nicht im übertragenen Sinne zu verstehen, sondern wortwörtlich. Was in Ihren Ohren möglicherweise düster und beängstigend klingt, gibt in Wahrheit Anlass zu großer Hoffnung. Bäume bilden so effiziente Sozialgemeinschaften, dass sie zumindest die aktuellen Veränderungen im Klima vielfach gut verkraften können. Und nicht nur das: Sie sind unsere beste Option, Treibhausgase wieder aus der Atmosphäre zu entfernen, viel besser, als jede Technik es je könnte. Zusätzlich kühlen sie das lokale Klima stark herab und erhöhen sogar die Regenmengen signifikant.

All dies machen Bäume übrigens nicht für uns, sondern für sich selbst. Auch sie mögen es nicht zu heiß und zu trocken, doch im Gegensatz zu uns können sie den Thermostat auch wieder nach unten drehen. Dabei werden Buchen, Eichen oder Fichten nicht alle notwendigen Fähigkeiten dazu in die Wiege gelegt. Auf ihrem langen Entwicklungsweg zum alten Baum müssen sie lernen, mit Veränderungen richtig umzugehen. Das schafft nicht jedes Exemplar, weil diese Riesenpflanzen genau wie wir Menschen individuell sehr verschieden sind – und nicht alle lernen gleich schnell oder ziehen die richtigen Schlüsse.

Bei unserer Lesereise durch den Wald zeige ich Ihnen, wie Sie Bäumen beim Lernen zuschauen können, warum nicht jeder sommerliche Laubfall problematisch für Buchen oder Eichen ist und woran Sie Bäume erkennen können, die auf die falsche Strategie gesetzt haben.

Die Forschung ist einen gewaltigen Schritt vorwärtsgekommen in dem Bemühen, dieses geheime Leben der Bäume zu entschlüsseln. Dennoch hat sie es auf dem Weg zur Erkenntnis gerade einmal geschafft, den Vorhang ganz leicht zur Seite zu ziehen. So ist bisher die Rolle der Kleinstlebewesen wie etwa Bakterien oder Pilze viel zu kurz gekommen, allein schon deshalb, weil die allermeisten Arten überhaupt noch nicht entdeckt worden sind. Für Bäume sind die Knilche jedoch genauso wichtig wie für uns Menschen die Darmflora – ohne sie ist uns allen ein Leben nicht möglich. Aus dieser verborgenen Welt gibt es faszinierende Neuigkeiten, die zeigen, dass jeder Baum ein eigenes Ökosystem ist, einem Planeten gleich, der von unzähligen wundersamen Lebewesen bevölkert ist.

Auch der Blick auf das große Ganze offenbart Überraschungen: So erzeugen Wälder regelrechte Luftflüsse, die Wasser in Wolkenbändern über Tausende von Kilometern in die Kontinente führen und es an Orten regnen lassen, die ansonsten Wüsten wären.

Bäume sind also keine Wesen, die passiv die Veränderungen erleiden müssen, die unsere Art für das globale Klima verursacht. Sie sind vielmehr Gestalter ihrer Umwelt und reagieren, wenn einmal etwas aus dem Ruder zu laufen droht.

Um sich erfolgreich auf Veränderungen einstellen zu können, brauchen Bäume jedoch vor allem zwei Dinge: Zeit und Ruhe. Jeder Eingriff in den Wald wirft dieses Ökosystem zurück, hindert es daran, sich in einem neuen Gleichgewicht auszutarieren. Wie sehr moderne Forstwirtschaft dabei stört, haben Sie bei Ihren eigenen Waldspaziergängen angesichts der größten Kahlschläge seit Jahrzehnten vielleicht selbst schon einmal wahrgenommen. Doch es gibt Hoffnung! Der Wald kehrt überall dort schnell und stark zurück, wo wir es einfach zulassen. Wir müssen nur erkennen, dass Menschen keine Wälder machen können, sondern höchstens Plantagen. Helfen können wir eher dadurch, dass wir beiseitetreten und der Wiederbewaldung ihren Lauf lassen. Mit dem richtigen Maß an Demut, aber auch Optimismus in Bezug auf die Selbstheilungskräfte der Natur kann die Zukunft vor allem eines sein: grün!

TEIL EINS

DIE WEISHEIT DER BÄUME

Wenn Bäume irren

Bäume werden in trocken-heißen Sommern vor große Probleme gestellt. Sie können nicht in den Schatten flüchten, können keinen kühlen Schluck zu sich nehmen, und ein schnelles Reagieren funktioniert schon gar nicht. Und weil Bäume so langsam sind, ist es umso wichtiger, sich für die richtige Strategie zu entscheiden. Doch was ist die richtige Strategie, und was passiert, wenn sich ein Baum irrt?

In der Nordstraße in Wershofen, dem Standort unserer Waldakademie in der Eifel, säumt eine Reihe von Rosskastanien die linke Straßenseite. Diese Rosskastanien verhielten sich im Dürresommer 2020 so wie viele Bäume in Europa: Sie fingen im August an, ihr Laub vorzeitig herbstlich zu verfärben. Dabei haben es Rosskastanien seit Jahren ohnehin besonders schwer. Kurz vor dem Jahr 2000 hatte die sich nach Norden ausbreitende Kastanienminiermotte auch die Wershofener Bäume erreicht.

Dieser kleine, hellbraune Schmetterling stammt aus Griechenland und Mazedonien, also aus der ursprünglichen Heimat der Rosskastanie. Wie viele andere importierte Gewächse auch führten die Rosskastanien in Wershofen bisher ein idyllisches Leben. Zwar entsprechen Länder wie Deutschland nicht unbedingt dem perfekten Ökosystem für diese Bäume, weil es hier einfach ein bisschen zu kalt ist. Dennoch haben sich die Kastanien bei uns immer pudelwohl gefühlt. Ihre Parasiten hatten sich bisher nicht bis zu dem neuen Standort ausgebreitet, und für ein Leben ohne die Miniermotte darf es ruhig im Winter ein bisschen kühler sein.

Doch vor 40 Jahren begann sich die Situation zu ändern: Seitdem folgen die Fluginsekten ihrer Beute in den Norden und haben sich längst auch in Wershofen niedergelassen. Die Miniermotten machen, was ihr Name nahelegt: Ihre Raupen fressen Gänge (oder Minen) in die Blätter. Dazu legt die Motte Eier auf die Oberfläche, und die schlüpfenden Raupen bohren sich ein. Kleine braune Schlängellinien zeigen, wo die Schmetterlingskinder munter vor sich hin fressen. Munter deshalb, weil sie in den Blättern gut geschützt vor hungrigen Vögeln leben. Die ausgehöhlten Stellen vertrocknen, und mit fortschreitendem Fraß sieht das Laub im Laufe des Sommers immer ramponierter aus, zumal der ersten Eiablage oft noch eine zweite folgt.

Die Blätter der Bäume an der Nordstraße waren also schon vorgeschädigt, als die Dürre im Gefolge von etlichen heißen Tagen zuschlug. Kastanien reagieren in solchen Situationen wie alle anderen Bäume auch: Sie stellen erst einmal die Fotosynthese ein und warten ab. Wie lange so eine Trockenperiode dauert, wissen Bäume noch weniger als wir, und deshalb ist es sinnvoll, nicht gleich in Panik zu verfallen.

Zunächst schließen sie ihre Abertausenden winzigen Münder, die Spaltöffnungen, die an der Unterseite der Blätter sitzen. Mit ihnen atmen die Bäume, genau wie wir, und genau wie wir verlieren sie bei der Atmung Wasserdampf. Er kühlt die Umgebung, und dieser Effekt wird von den grünen Giganten durchaus aktiv eingesetzt, um heiße Sommertage erträglicher zu machen. Wenn die Wurzeln allerdings signalisieren, dass der Nachschub ausbleibt, werden die unzähligen Münder im Laub geschlossen. Doch ohne Atmung der Blätter funktioniert die Fotosynthese nicht mehr, versiegt natürlich auch der Nachschub an CO_2, weshalb die Zuckerproduktion unter Zuhilfenahme des Sonnenlichts nicht mehr möglich ist. Nun zehren die Bäume von ihren Reserven, die sie eigentlich für den kommenden Winterschlaf aufbauen wollten.

Eine minimale Verdunstung findet aber trotzdem noch über Blätter, Wurzeln und Rinde statt, und wenn die Trockenheit weiter andauert, folgt die zweite Maßnahme: Ein Teil der Blätter wird abgeworfen. Dabei gehen die Kastanien wie ihre übrigen belaubten Kollegen von oben nach unten vor. Zuerst fallen die von der Wurzel am weitesten entfernten Blätter, also die in den Kronenspitzen. Wasser bis dort oben zu transportieren kostet besonders viel Energie, die der Baum jetzt sparsam einsetzen muss, da er keinen Nachschub mehr produzieren kann. Reicht das jedoch nicht und fällt noch immer kein Wasser vom Himmel, werden die Blätter schrittweise immer weiter abgestoßen, bis die Bäume schließlich schon im August völlig kahl sind.

So weit haben es bei uns im Jahr 2020 aber weder Buchen, Eichen noch die Kastanien kommen lassen – bis auf ein paar wenige Ausnahmen. Vielleicht waren das Bäume, die besonders ängstlich sind und einfach auf Nummer sicher gehen wollten, vielleicht stehen sie auch auf einem Fleckchen Boden, das besonders wenig Wasser speichert; wie auch immer, sie waren im August komplett kahl.

Gerade die Kastanien konnten sich das eigentlich nicht leisten, waren sie doch durch die Miniermotte ohnehin schon vorgeschwächt. Die Blätter mit den vielen bräunlichen Fraßstellen bildeten nur eingeschränkt Zucker, sodass die Bäume ohnehin schon hungerten. Dazu kommt die Höhenlage, in der sie stehen: Rund 600 Meter über dem Meeresspiegel liegt die Nordstraße, und die raue Eifel tut ihr Übriges, sodass die Vegetationsperiode recht kurz bleibt. Für die Zuckerbildung ist das recht knapp, denn sie muss mindestens in solchen Mengen möglich sein, dass es nicht nur für den laufenden Betrieb, sondern auch für den Winterschlaf und den folgenden Frühjahrsstart reicht. Das ist für die Kastanien unter solchen Bedingungen fern der alten Heimat ohnehin nur schwer zu erreichen.

Und nun kam der dritte trockene Sommer in Folge dazu, indem offenbar die allerletzten Wasserreserven im Boden aufgebraucht waren.

Unter normalen Umständen können Bäume in einer solchen Situation einfach den Winterschlaf auf September vorziehen und alles Laub fallen lassen, wie es typischerweise die Buchen in meinem Revier machen. Sie sehen zwar tot aus, treiben aber im nächsten Frühjahr wieder aus und versuchen nachzuholen, was sie im Jahr zuvor versäumt haben. Auch Kastanien können das schaffen, aber die ängstlichen, schon im August 2020 laublosen Exemplare hatten diese Strategie definitiv zu früh eingesetzt.

Am 31. August hatte der Wettergott ein Einsehen. Der Himmel verdunkelte sich, allerdings nur über einer kleinen Region am Nordrand der Eifel. Hier regneten sich die Wolken stundenlang ab und hinterließen dabei rund 60 Liter Wasser pro Quadratmeter. Für die ausgedörrten Böden war dies zwar noch lange nicht genug, aber immerhin wurden so die obersten Zentimeter wieder etwas befeuchtet. Ich hoffte, dass es ausreichte, um den Bäumen eine Verschnaufpause zu verschaffen. In den folgenden Tagen zeigten die kahlen Kastanien jedoch eine Reaktion, die mich überraschte und auf den ersten Blick völlig unsinnig schien: Sie fingen an zu blühen. Wer zu wenig Zucker hat, sollte eigentlich nicht noch zusätzliche Energie für die Fortpflanzung verschwenden, zumal diese im Herbst zu keinem Ergebnis führt. Selbst wenn die Blüten noch bestäubt werden, können sich in der Kürze der Zeit bis zum Wintereinbruch keine Samen und Früchte mehr entwickeln.

Eine Gruppe von angehenden Waldführern, mit denen ich auf dem Rückweg zum Akademiegebäude war, machte mich auf das Phänomen aufmerksam. Wir schauten genauer hin und wurden gleich fündig. Zusammen mit den Blüten hatten die Bäume auch zarte Blätter hervorgebracht, und das war des

Rätsels Lösung. Die Kastanien hatten unbändigen Hunger! Mit dem frischen Grün an den Zweigen tankten sie im Spätsommer noch einmal ordentlich Zucker und füllten ihr Speichergewebe. Offenbar können Bäume dabei nicht unterscheiden, ob sie nur die Blattknospen eines Zweiges austreiben oder alle Knospen inklusive der Blüten, und genau das war hier zu beobachten.

Ich drehte ein kleines Handyvideo für meine Facebook-Seite und stellte es dort zur Diskussion. Und siehe da: Auch andernorts verfolgten etliche Kastanien offenbar dieselbe Strategie. Eine Internetrecherche ergab, dass vereinzelte Rosskastanien bereits in den Vorjahren herbstliche Blüten gezeigt hatten, doch die Erklärungen fand ich teilweise nicht besonders überzeugend. Es sei der Stress durch Klimawandel, den Befall mit Miniermotten und auch Pilzen, der die Bäume an den Rand ihrer Existenz brächte. Um sich vor ihrem Ableben schnell noch einmal zu vermehren, würden die Bäume auch im Herbst noch einmal blühen.[1]

Zunächst mag das logisch klingen, doch es setzt voraus, dass ein Baum keine Jahreszeiten einschätzen kann. Denn Blüten im Herbst bringen selbstverständlich keine Früchte hervor, weil die wenigen Wochen bis zum Winter dazu nicht ansatzweise ausreichen. Wer solch einen Unsinn macht, vergeudet zusätzliche Energie und vergrößert damit die Misere. Die Forschung weiß zudem seit Jahrzehnten, dass sich Bäume in ihrem Verhalten nach der Tageslänge und der Temperatur ausrichten, sich im Jahreslauf also exakt so orientieren, wie es auch wir ohne Kalender vermögen. Und genau hier setzt die nächste merkwürdige Erklärung an: Die Kastanien kämen im Jahreskalender durcheinander.[2] Die sommerliche Trockenzeit mit Unterbrechung der Wasseraufnahme und damit auch der Fotosynthese müsste die Bäume demnach so verwirren, dass sie beim herbstlichen Regenfall meinten, nun sei es wieder Frühling.

Diese Schlussfolgerung ist mehr als absurd, denn da hätte wohl auch die Evolution noch ein Wörtchen mitzureden. Wenn Rosskastanien sich so leicht verwirren lassen könnten, und das trotz des natürlichen Phänomens, dass es mindestens alle paar Jahrzehnte einen Dürresommer gibt, wie konnten die Bäume dann mehr als 30 Millionen Jahre überleben? Denn wer regelmäßig solche unsinnigen Energieausgaben tätigt, der ist im Krisenfall zu schwach und verabschiedet sich aus dem Reigen des Lebens.

Nein, es ist der Hunger, der zu solchen Reaktionen führt. Doch wer A sagt, muss auch B sagen: Es genügt nämlich nicht, die frischen Blätter (einschließlich der überflüssigen Blüten) hervorzubringen, sondern jetzt muss eine Energieschuld auch bis zum bitteren Ende abgearbeitet werden. Das Austreiben kostet ja Kraft, und zwar Kraft, die eigentlich gar nicht mehr vorhanden ist. Es sind die letzten Reserven, die der Baum mobilisiert, um noch einmal seine Solarsegel zu entfalten und süße Nahrung zu produzieren. Doch der Blattaustrieb allein reicht nicht aus, denn dabei werden Knospen benutzt, die für das nächste Frühjahr vorgesehen waren. Sie sind nun vorzeitig verbraucht, und um im kommenden Jahr nicht völlig kahl dazustehen, muss die Kastanie gleich noch einmal neue Knospen entwickeln. Und selbst das ist noch nicht alles: Weil Knospen und Blätter immer an frischen Zweigen sitzen, bildet die Kastanie diese ebenfalls gleich aus.

Wir halten fest: Ein Baum, der im Sommer schon kahl ist und im Herbst von heftigem Hunger überrascht wird, muss neben Blättern (und unfreiwilligen Blüten) auch noch Zweige und Knospen produzieren. Das lohnt sich nur, wenn er dafür so viel Energie zurückbekommt, dass er unter dem Strich einen Zuckerüberschuss für den Winter hervorbringen kann. Doch die Jahreszeit arbeitet leider gegen die verzweifelten Bäume. Denn die Tage werden im September schon deutlich kürzer und die Fotosynthesezeiten damit ebenfalls. Zudem ziehen einige Wochen später typischerweise Tiefdruckgebiete mit viel Regen auf, der zwar den Boden tränkt, aber auch die Sonne verdeckt. Und als wäre das allein nicht schon genug, fallen auch noch die Temperaturen, und die ersten Nachtfröste kündigen sich an.

Was man als Baum im Oktober zu tun hat, zeigten die anderen Kastanien in der Nordstraße. Sie zogen die Reservestoffe aus den Blättern ab, die sich nun gelb und dann braun verfärbten. Eine gewisse Eile war geboten, denn der erste Wintereinbruch mit Nachtfrost unter minus 5° C würde die Riesen zwangsweise in den Winterschlaf schicken. Dann wäre ein geordneter Laubfall nicht mehr möglich, und es wären nicht nur die wertvollen Blattstoffe verloren. Die Trennung der Blätter von den Ästen kann ein Baum nur aktiv bewerkstelligen, indem er eine Trennschicht aus Kork ausbildet. Vom Winterschlaf überraschte Bäume behalten ihr braunes Laub an den Zweigen. Ein heftiger Schneefall bewirkt dann hohe Lasten, wodurch ganze Kronenteile abbrechen können, wie ich schon oft beobachten konnte.

Die Mehrheit der Nordstraßenkastanien verhielt sich also vorbildlich, mit Ausnahme der Panikkandidaten. Sie hielten tapfer mit frischem Grün gegen die bunte Herbstpracht ihrer Artgenossinnen, weil die Gesamtbilanz der Zuckerproduktion einfach noch nicht stimmte. Der Blattfall erfolgte viel zu spät, nach den ersten harten Frösten Mitte Dezember! Rein statistisch gesehen überleben etliche solcher Bäume den Winter nicht und sterben bereits vor dem Laubaustrieb im Frühling. Kurz vorher erfolgt nämlich der größte Kraftakt im Jahreslauf: das Hereindrücken von Wasser in den Stamm und das anschließende Aufbrechen der Knospen. Zu diesem Zeitpunkt entscheidet sich das Schicksal vieler geschwächter Bäume.

Im Falle der Wershofener Kastanien gab es ein Happy End:

Ihre Knospen schwollen im Frühjahr an, und in einer letzten Anstrengung bildeten sie neue Blätter und konnten endlich wieder in Ruhe auftanken.

Während das Phänomen der herbstlichen Blüte und des Blattaustriebs bei Kastanien mittlerweile allerorten zu beobachten ist, habe ich dies in Buchenwäldern noch nie bewusst wahrgenommen. Doch auch dort können sich rein theoretisch einzelne Exemplare ebenso verschätzen wie die beschriebene Kastanie. Warum das dennoch nicht passiert, könnte seine Ursache in der besseren Vernetzung haben.

Buchen versorgen sich unterirdisch über ihr Wurzelgeflecht gegenseitig mit Zuckerlösung, helfen geschwächten, hungernden Exemplaren damit in Notlagen aus. Möglicherweise müssen diese deshalb nicht noch einmal neue Blätter austreiben und Fotosynthese betreiben, sondern verlassen sich auf die Gemeinschaft. Gepflanzte Kastanien hingegen, fern einer natürlichen Waldgemeinschaft an einer einsamen Dorfstraße, sind offenbar auf sich allein gestellt und müssen ihren Kampf ums Überleben ohne die Hilfe ihrer Familien führen.

Während die Laubbäume deutlich sichtbar auf Trockenheit reagieren, geschieht das bei Nadelbäumen eher heimlich. Kein Wunder, ist ja bei ihnen auch der herbstliche Blatt- bzw. Nadelfall ebenfalls ein unauffälliges Geschäft. Dabei werfen sie stets nur den ältesten Nadeljahrgang ab. Bei Kiefern befinden sich von diesen Jahrgängen immer drei gleichzeitig hintereinander an den Zweigen: an der Spitze einer von diesem Jahr, dahinter einer vom vorherigen und der letzte von vor drei Jahren. Die Fichte bringt es sogar auf sechs Jahrgänge, doch länger geht es auch bei ihr nicht – dann sind die Nadeln verschlissen und werden abgestoßen. Schöne Herbstfärbung: Fehlanzeige.

Doch dieses Abwerfen ist ein ebenso aktiver Vorgang wie bei den Laubbäumen, und genau wie sie regulieren Nadelbäume bei Trockenstress den Wasserverbrauch. Sie stellen zunächst die Fotosynthese ein, danach werden Nadeln abgeworfen, um die Verdunstungsfläche zu reduzieren. Ich konnte das im Garten unseres Forsthauses in den letzten Trockenjahren sehr schön beobachten. Zumindest die Beete um das Haus haben wir bewässert, damit nicht gleich alles verdorrt. Von dem Wasser haben nicht nur Stockrosen und Küchenkräuter profitiert, sondern auch die rings herum stehenden Bäume. Die 140 Jahre alten Kiefern sahen selbst in der Hitzewelle im August 2020 noch kerngesund aus, allerdings nicht alle. Wer nicht am Rande der kleinen Bewässerungsflächen stand, warf einen ganzen Nadeljahrgang vorzeitig ab. Optisch ist es ein gewaltiger Unterschied, ob die Nadeln von zwei oder drei Jahren an den Zweigen hängen – mit zweien sehen die alten Bäume schon sehr gerupft aus. Der Garten mit seinen Kiefern war dadurch für mich zu einem Freiluftlabor geworden, in dem ich den Bäumen beim Lernen zusehen konnte.

Bis jetzt haben wir unsere Aufmerksamkeit dem gewidmet, was oberirdisch passiert. Doch auch unter der Erde laufen in Dürrezeiten wichtige Prozesse ab, und zwar in den Wurzeln. Wahrscheinlich bilden sie das wichtigste Organ des Baums. In den Spitzen befinden sich Zellen, die zusammen wie eine Art pflanzliches Gehirn funktionieren.[3] Sie wachsen suchend durch die Dunkelheit und registrieren dabei fortlaufend mindestens 20 verschiedene Parameter, darunter nicht nur die Feuchtigkeit. Auch die Schwerkraft wird berücksichtigt – schließlich sollen die zarten Gebilde in der Erde bleiben und nicht nach oben hinauswachsen. Das verhindern auch Sensoren für Licht, was zunächst überflüssig erscheinen mag; unter der Erde ist es schließlich ewig dunkel. Doch an Böschungen können Wurzeln schräg hinabwachsen und dennoch versehentlich nach draußen gelangen. Dann ist es gut, wenn sie die Helligkeit wahrnehmen und sich schleunigst wieder in den Hang zurückziehen können. Ähnlich erschrocken reagieren sie auf Giftstoffe. Stoßen sie auf solche gefährlichen Bodenbestandteile, dann wachsen sie (für ihre Verhältnisse) rasch um die problematischen Stellen herum. Aus dem Potpourri der Sinneseindrücke entscheiden die Wurzeln auch, wie sich der Baum im Ganzen verhält, zum Beispiel, wann er blüht und wie viele Blätter er an seinen Zweigen trägt.[4]

Im Falle der trockenen Sommer ist es natürlich in erster Linie die Feuchtigkeit, die von den Wurzeln aufmerksam registriert wird. Sie fangen an, Signale durch den Stamm bis in die Blätter zu senden, damit diese die kleinen Münder schließen, um die Zuckerproduktion und damit den Wasserverbrauch einzustellen.

Wie das funktioniert, haben Schweizer Wissenschaftlerinnen und Wissenschaftler entdeckt. Sie untersuchten junge Buchen im Labor und simulierten im Versuchsaufbau eine Dürre. Dabei entdeckten sie, dass es tatsächlich die Wurzeln sind, die das Wirken der Blätter regulieren. Wird es trocken, dann reduzieren die Wurzeln den Zuckerverbrauch – kein Wunder, müssen und können sie doch auch kein Wasser mehr nach oben pumpen. Weil sie keine süße Flüssigkeit mehr abnehmen, kommt es weiter oben im Gewebe zu einem Zuckerstau, weshalb die Blätter ihrerseits ebenfalls aufhören, Nährstoffe zu produzieren. Also schließen sie ihre Spaltöffnungen und machen den Laden dicht. Der Baum lebt trotzdem weiter und verbraucht nun Reservestoffe. Dabei atmet er Sauerstoff ein und CO_2 aus – ein Sommerwald im Trockenstress ist also keine Sauerstoffquelle mehr! Ist die Dürre vorüber, so passiert Erstaunliches: Die Blätter nehmen mehr CO_2 auf als üblich und produzieren damit auch wesentlich mehr Zucker. Die Bäume fressen sich also gewissermaßen im Eiltempo wieder voll. Sie können durch ihren Appetit die Dürreperiode wenigstens teilweise ausgleichen.[5]

Doch was passiert eigentlich während der Trockenzeit mit den Wurzeln selbst? Sie müssen, um sich durch den Boden bewegen zu können, ständig vorwärts wachsen. Dazu strömt normalerweise unaufhörlich Nährlösung von den Blättern hinab zu den zarten Gebilden im Boden. Doch wenn die Fotosynthese eingestellt wird oder gar die Blätter ganz abgeworfen werden, dann ist für die Wurzeln Hunger angesagt. Das ist sehr riskant, denn wenn es nun zu einem Absterben der Feinwurzeln kommt, wird selbst in einer nachfolgenden Regenperiode die Wasseraufnahme stark beeinträchtigt. Ganz nebenbei geht auch der Halt des gesamten Baums verloren, wie ich Ende 2018 feststellen durfte.

An einem windstillen, regnerischen Tag machte ich mich auf, um hinüber in den Nachbarort zur Waldakademie zu fahren. Ich zog mir gerade an der Haustür die Gummistiefel an, als ich ein seltsames Knacken hörte. Ich schaute um die Ecke und sah, wie sich eine mächtige, 140 Jahre alte Kiefer langsam neigte und dann krachend auf einen Holzschuppen fiel. Ich lief hinüber und schaute mir den Wurzelteller an: Die feinen Ausläufer waren massiv geschädigt. Trockene Sommer beeinträchtigen also nicht nur den Gesundheitszustand der Bäume, sondern auch ihre Standsicherheit.

Bevor das alles eintritt, mobilisieren die grünen Riesen aber alle Reserven und greifen dabei zum Teil auch auf sehr alte zurück. Das stellte ein Forscherteam aus Finnland, Deutschland und der Schweiz fest. Es untersuchte das Alter von Feinwurzeln, den dünnsten Wurzeln des Baums, indem es zunächst deren Kohlenstoff analysierte. Das Alter des Kohlenstoffs in pflanzlichem Gewebe lässt sich über den Anteil radioaktiver Atome feststellen. Ein winziger Teil der Kohlenstoffatome in der Atmosphäre, genauer gesagt, jedes billionste, verwandelt sich durch kosmische Strahlung in ein C14-Atom. Deren Halbwertszeit beträgt 5730 Jahre. In der Atmosphäre wird C14 laufend nachgebildet, in pflanzlichem Gewebe dagegen nicht mehr. Es ist dort durch Fotosynthese eingebaut und zerfällt langsam. Sein Anteil am Kohlenstoff der Pflanze nimmt dabei laufend ab. Wie alt ein Gewebe ist, verrät den Forschenden also das Verhältnis von normalem zu C14-Kohlenstoff. Gemäß dieser Analyse werden die Feinwurzeln unserer heimischen Waldbäume durchschnittlich elf bis13 Jahre alt.

Klingt ein wenig kompliziert? Kein Problem, denn man kann das Alter der Wurzeln auch viel einfacher überprüfen: indem man sie durchschneidet. Wurzeln bilden nämlich genau wie ein Stamm Jahresringe, weil auch sie im Durchmesser immer weiter wachsen müssen. Und diese Jahresringzählung ergab eine handfeste Überraschung: Die Wurzeln waren zehn Jahre jünger, als nach der C14-Methode ermittelt, also nur ein bis drei Jahre alt – und das Alter der Jahresringe lügt nie. Die wahrscheinlichste Ursache für diese Abweichung, so die Forschenden, sind jahrealte Reserven im Speichergewebe der Wurzeln. Diese Reservestoffe altern ja genauso wie pflanzliches Gewebe und haben, wenn sie dann tatsächlich zur Bildung neuer Feinwurzeln genutzt werden, schon ein paar Jahre Vorsprung auf der molekularen Uhr.[6]

Dass Bäume Reservestoffe einlagern, haben Sie bereits gelesen, aber dass diese bis zu zehn Jahre im Gewebe schlummern, bevor der Baum sie benutzt, war auch mir völlig neu.

Die Forscher vermuten, dass die Bildung von Feinwurzeln aus solch alten eingelagerten Nährstoffen eine Strategie für den Notfall sein könnte. Auch in Trockenjahren müssen Feinwurzeln weiter wachsen, um vollständig funktionieren zu können. Wenn wegen der Dürre kein Zucker gebildet werden kann, sind diejenigen Bäume im Vorteil, die auf sehr alte Vorräte zurückgreifen können.

Die alte Kiefer in unserm Garten musste also nicht unbedingt deswegen fallen, weil ihre Feinwurzeln vertrocknet sind –

vielleicht hatte sie nur nicht genug Notfallnahrung in ihrem Speichergewebe, sodass das unterirdische Wachstum ins Stocken geraten ist. Möglicherweise hat sie aber auch einfach nicht richtig hauszuhalten gelernt, hat ihren Zucker verpulvert, ohne Notzeiten zu berücksichtigen. Schließlich ist eine derartige Häufung von Trockensommern für diesen Standort in der Eifel absolut ungewöhnlich, und um sich daran gewöhnen zu können, hätte sie überleben müssen.

Richtige Strategien kann man als Baum jedoch lernen, und zwar nicht nur durch die harte Schule des Lebens. Vor schwerwiegenden Fehlern können auch Artgenossen bewahren, vor allem die eigenen Eltern. Um das näher zu betrachten, bleiben wir noch einmal im Trockenjahr 2020 und im Revier Wershofen, diesmal jedoch mitten in einem halbwegs natürlichen Buchenwald.

Tausend Jahre lernen

Lebenslanges Lernen ist keine Erfindung der modernen Bildungspolitik, nein, Bäume beherrschen dies schon seit Jahrmillionen. Gerade bei Lebewesen, die jahrtausendealt werden können, ist das Lernen überlebenswichtig. Kurzlebige Organismen können sich oft und zahlreich fortpflanzen, können über Mutationen der Gene rasch notwendige Anpassungen bewirken. Mikroorganismen wie das Darmbakterium Escherichia Coli sind sogar in der Lage, sich unter Optimalbedingungen alle 20 Minuten zu verdoppeln[7] – davon können Bäume nur träumen. Je nach Art werden die Riesenpflanzen im Extremfall erst nach Jahrhunderten geschlechtsreif, und selbst sehr fixe Bäume wie Birken oder Pappeln brauchen immerhin fünf Jahre, bevor sie zum ersten Mal blühen.

Im Wald muss vor dem Generationenwechsel zudem eine Planstelle geschaffen werden, heißt: Ein Mutterbaum stirbt und öffnet eine Lücke im Kronendach, durch die Licht und Regenfälle ungehindert zu Boden dringen. Nun erst hat der Nachwuchs eine Chance, selbst heranzuwachsen. Bei der Buche, unserer typisch heimischen Urwaldbaumart, dauert so ein Wechsel 300–400 Jahre. Eine genetische Änderung der Eigenschaften in Bezug auf das sich wandelnde Klima dauert entsprechend lang – zu lang.

Doch Mutationen sind nicht der einzige Weg der Anpassung an sich ändernde Umweltverhältnisse, wie wir aus eigener Erfahrung wissen. Menschen haben sich genetisch in den letzten Jahrtausenden kaum verändert, und trotzdem haben wir in relativ kurzer Zeit unseren gesamten Lebenswandel auf den

Kopf gestellt. Unsere Vorfahren sammelten Erfahrungen und lernten, mit Veränderungen umzugehen. Sie passten sich also nicht genetisch, sondern über ihr Verhalten an. Nur so ist es vorstellbar, dass unsere Art sowohl den eisigen Norden als auch glühend heiße Savannen besiedeln konnte. Der Schlüssel zum Überleben langlebiger Wesen heißt also lernen und erworbenes Wissen weitergeben. Und genau dies tun Bäume nachweislich, wie Sie selbst im nächsten heißen Sommer einmal überprüfen können.

Im Revier der Waldakademie zeigten sich die alten Buchenwälder über die heißen Sommer 2018 und 2019 erstaunlich stabil. Während rings herum in den Wirtschaftsplantagen nicht nur Fichten und Kiefern abstarben, sondern selbst alte Laubbäume ihre Blätter schon im August abwarfen, sah es in den unberührten Schutzgebieten ganz anders aus. Unter den mächtigen Baumkronen herrschte ewiges Dämmerlicht, hier war es selbst nach monatelangem Regenmangel noch angenehm feucht und kühl.

Doch im dritten Dürresommer 2020 veränderte sich das Bild. Während es bis Juli nach einer Wiederholung der Vorjahre aussah, war die nächste Hitzewelle im August schließlich doch zu viel. Die Wälder ganzer Berghänge färbten sich gelbbraun, und innerhalb von drei Tagen setzte ein massiver Laubabwurf ein. Es ist ein sehr beklemmendes Gefühl, durch einen Wald zu gehen, aus dessen Kronen mitten im Sommer Abermillionen Blätter rieseln. Zu der Zeit begann ich zum ersten Mal um die Zukunft der Buchenwälder zu fürchten. Vor allem die Bäume der Nordhänge waren betroffen, Standorte, die eigentlich für Wälder besonders günstig sind. Aber gerade hier zeigten sich besonders deutliche Symptome.

Im Nordhang scheint die Sonne weniger Stunden am Tag auf den Boden als im Südhang, schlicht weil er sich nicht nur im Schatten der Bäume, sondern gleich des ganzen Berges befindet. Das hat geringere Lufttemperaturen zur Folge. Auch Wasser verdunstet unter solchen Umständen langsamer. Schattig und kühl: So fühlen sich Buchen und Eichen richtig wohl. Der Unterschied zeigt sich auch im Wachstum: Im Nordhang können die Bäume doppelt so schwer werden wie im Südhang, wo Hitze und Trockenheit die Fotosynthese behindern. Kurzum: Der Nordhang ist ein Paradies für Bäume. Oder war es zumindest bis dahin.

Der Südhang hingegen ist immer schon Notstandsgebiet im Sinne der Baumbedürfnisse gewesen. Wie eine riesige Solarzelle ist er schräg in Richtung Sonne ausgerichtet, sodass er den ganzen Tag über die volle Strahlungswärme empfängt. Regen verdunstet hier sowohl aus den Baumkronen als auch aus dem Boden viel schneller, und an heißen Sommertagen geht den Buchen und Eichen auf dieser Bergseite deutlich früher die Puste aus. Eine Zuckerproduktion über die Fotosynthese gelingt so an erheblich weniger Tagen als bei den Kolleginnen im Nordhang. Man könnte auch sagen: Im Südhang herrschen bereits heute Temperaturen und Verdunstungsraten, wie sie der Nordhang im Laufe des Klimawandels erst noch kennenlernen wird.

Dennoch war hier auf der Südseite der Stress der Bäume, sichtbar an der Braunfärbung der Blätter, wesentlich schwächer ausgeprägt. Die Bäume im Südhang blieben auch 2020 nicht ohne Blessuren, doch als gelernte Asketen schalteten sie rechtzeitig in den Notfallmodus. Das sparte Wasser und versetzte sie in eine Art Dämmerzustand.

Im Nordhang dagegen trafen die heißen Augusttage auf Bäume, die das Unheil offenbar nicht kommen sahen. Noch 2019, mitten in der Dürre, war die Bodenfeuchtigkeit hier im Schatten ausreichend gewesen, und bis Juli 2020 hatte sich daran nichts geändert. Doch die letzten Reserven waren nun schlagartig aufgebraucht. Schlagartig deshalb, weil eine ausgewachsene Buche an einem heißen Sommertag bis zu 500 Liter Wasser verdunstet – wer da als Baum nicht rechtzeitig auf die Bremse tritt, hat ohne Nachschub von oben plötzlich nur noch staubiges Erdreich zu seinen Füßen. Die Wurzeln registrieren die abrupt einsetzende Trockenheit, doch für einen Strategiewechsel ist es nun zu spät. Ein sparsamerer Umgang mit dem kostbaren Nass ist nicht mehr möglich; jetzt hilft nur noch die Notbremse.

Und die wurde von den Bäumen im Nordhang gezogen. Der massive Blattfall war nichts anderes als die hektische Reduzierung der Verdunstungsfläche. Wie dramatisch die Situation war, konnte ich allein am Tempo der Veränderungen erkennen. Ein Abwurf großer Teile des Laubs innerhalb von nur drei Tagen ist für Bäume Höchstgeschwindigkeit. Vergleichen Sie das einmal mit dem Laubfall im Herbst: Da wird erst langsam mit dem Abzug des Chlorophylls begonnen, des grünen Farbstoffs, der die Fotosynthese ermöglicht. Er wird zerlegt und für das kommende Jahr in Zweigen, dem Stamm und den Wurzeln eingelagert. So muss das Grün im nächsten Jahr nicht aufwendig neu produziert werden. Durch den Abzug kommen gelbe Farbstoffe im Blatt zum Vorschein, die bisher verborgen waren. Sind alle wichtigen Nährstoffe abgezogen, dann bildet der Baum eine Trennschicht aus Kork, und das Blatt fällt zu Boden. Der gesamte Vorgang zieht sich gemächlich über Wochen hin und findet im November seinen Abschluss.

Der Notabwurf im August 2020 war hingegen eine regelrechte Panikreaktion. Zunächst versuchten die Buchen, dasselbe Prozedere wie im Herbst ablaufen zu lassen, gewissermaßen schön nach Vorschrift. Rasch merkten sie jedoch, dass das zu langsam war und immer noch zu viel Wasser verdunstete. Wenn ein Baum bei solch einem Prozess nicht rechtzeitig die Kurve kriegt, vertrocknet er und stirbt.

Also legten die Buchen an Tempo zu und warfen nicht nur braune (also leere) Blätter ab, sondern auch gelbe und sogar grüne. Der Abwurf von grünen Blättern ist bei der Buche ein hochgradiges Alarmzeichen. Ein Baum, der die darin enthaltenen wertvollen Nährstoffe wegwirft, anstatt sie aus den Blättern (wie im Herbst) zurückzuholen, lebt gefährlich. Im nächsten Frühjahr bedarf es der letzten Reserven, aus dem Winterschlaf aufzuwachen und neues Laub zu produzieren. Wenn dann noch Krankheiten oder die nächste Dürre hinzukommen, ist die Energie erschöpft, und der Baum stirbt. Grüne Blätter wirft eine Buche also nur in der allergrößten Not ab.

Trotz aller Hast war im Nordhang doch noch ein wenig Ordnung im Chaos erkennbar. Zuerst wurden die Blätter in den oberen Kronenteilen abgeworfen, dann folgte Schicht um Schicht das Laub tieferer Zweige. Und diese Strategie war für die meisten Bäume doch noch erfolgreich. Denn der Wind drehte auf Nord, und es strömte feuchte Luft in die Berge der Eifel. Die Wolken stiegen an den Hängen empor und entließen dabei gewaltige Regenmengen. Damit war der große Durst der Bäume gestillt. Sie stoppten den restlichen Laubabwurf und verzögerten ihn sogar – das ist ganz typisch für Bäume, die noch Hunger haben. Sie werfen die verbliebenen Blätter dann oft anstatt im Oktober erst im November ab, um noch ein wenig Zucker zu futtern und eine Reserve für den kommenden Winter einzulagern.

Von Weitem sieht die Situation von Wäldern im Trockenstress oft noch dramatischer aus, als sie ist. Die äußeren Blätter der Baumkronen verfärben sich als Erstes von Grün nach Braun, sodass Buchen- und Eichenbestände aus der Ferne insgesamt sehr trostlos erscheinen. Wenn Sie dagegen inmitten solcher Wälder unterwegs sind, erscheinen sie oft überraschend vital. Bei einem Spaziergang unter den Kronen dominieren ja die Blätter der inneren Kronen, die noch grün und saftig sind.

Nur wenn schon im August alles Laub am Boden liegt, herrscht Alarmstufe Rot.

Die meisten Bäume im Wershofener Nordhang werden diesen Schock überleben. Vor allem aber: Sie haben gelernt, sich das Wasser besser einzuteilen. Für den Rest ihres Lebens treten sie auf die Bremse, trinken nur sparsam und verbrauchen die im Boden gespeicherten Winterniederschläge nicht komplett im nächsten Frühjahr. Diese Verhaltensänderung kann man messen, und zwar in einem verlangsamten Wachstum des Stammdurchmessers. Selbst wenn es zukünftig keine Dürren mehr geben würde, blieben die Bäume ihrer neuen Strategie nach diesem traumatischen Erlebnis treu – man kann ja nie wissen …

Eine Verhaltensänderung aufgrund neuer Erfahrungen bezeichnet man als Lernen, und Lernen ist die wichtigste Überlebensstrategie von Lebewesen, die alt werden.

Pflanzen können aber noch wesentlich komplexer lernen, und dazu entfernen wir uns von den Bäumen und betrachten einmal die Erbsen. Diese Hülsenfrüchte haben den unschlagbaren Vorteil, dass sie im Labor wesentlich einfacher zu handhaben sind als Eichen oder Buchen. Dort, in den künstlichen Welten der Forscher, enthüllen die kleinen Pflanzen schier Unglaubliches. Die Biologin Monica Gagliano aus Sydney in Australien trainiert Erbsen wie Hunde. Bestimmt kennen Sie den historischen Versuch des russischen Mediziners Iwan Petrowitsch Pawlow. Er erforschte das Verhalten von Hunden. Wenn er ihnen Futter reichte, so fingen sie an zu sabbern. Ließ er ein Glöckchen klingeln, passierte nichts. Dann fing er an, das Glöckchen zu läuten und danach zu füttern. Schon bald kam der Speichelfluss der Hunde schon beim bloßen Klang des Glöckchens in Gang, selbst wenn es gar nichts zu fressen gab. Diesen Vorgang bezeichnet man als Konditionierung – zwei völlig verschiedene Reize werden mit demselben Vorgang in Verbindung gebracht. Und Erbsen lassen sich ebenfalls konditionieren!

Dazu verordnete Monica Gagliano den Pflanzen Dunkelhaft, damit sie ein wenig hungerten. Danach bestrahlte die Forscherin die Pflänzchen hin und wieder mit blauem Licht. Licht ist die Energie für die Fotosynthese, und die Erbsen hatten nun richtig Kohldampf. So richteten sie ihre Blättchen flugs nach der Lichtquelle aus – ein Vorgang, den Sie vielleicht auch von Ihren Zimmerpflanzen kennen. Das allein ist noch nichts Außergewöhnliches, vielleicht mit dem Unterschied, dass die Erbsen im Dunkeln ihre Blätter anschließend wieder in eine neutrale Position bewegten. Nun kombinierte die Forscherin die Lichtgabe mit einem Luftstoß, der vor dem Einschalten des Lichts abgegeben wurde. Als letzter Schritt der Versuchsreihe wurden die Erbsen im Dunkeln mit Luft angepustet, ohne dass das Licht anschließend eingeschaltet wurde. Und siehe da – die Pflanzen richteten ihre Blättchen nach dem Luftstrom aus, offenbar in der Erwartung, dass aus dieser Richtung bald Licht folgen würde. Sie konnten den Reiz, der nicht das Geringste mit Fotosynthese zu tun hat, dem Licht zuordnen, oder anders ausgedrückt: Erbsen sind in der Lage zu assoziieren. Nach Ansicht von Monica Gagliano ist diese Fähigkeit vermutlich bei vielen Pflanzen zu finden.[8] Durch ihre Forschungsergebnisse wird klar, dass unsere grünen Mitgeschöpfe viel komplexer lernen können als bisher vermutet. Ihre Fähigkeit, sich Veränderungen anzupassen, dürfte damit ebenfalls größer sein als gedacht. Und damit wenden wir uns wieder den Bäumen zu.

Wie lange Bäume lernen, zeigen besonders beeindruckende Exemplare in der Nähe von Ivenack (Mecklenburg-Vorpommern). Die Stieleichen haben kurze, dicke Stämme und mächtige knorrige Äste. Ihr Alter wird auf eine Spanne zwischen 500 und 1000 Jahren geschätzt – damit gehören sie zu den ältesten Bäumen Deutschlands. Der imposanteste Stamm misst 3,49 Meter im Durchmesser und hat ein Volumen von 180 Kubikmetern – das ist das 360-Fache des deutschen Durchschnittsbaums.[9]

Alte Bäume gelten unter Förstern gemeinhin als anfällig. Ihr Wert wird gering geschätzt, weil sich ihr Holz oft schon durch Pilzbefall innerlich zersetzt. Eine Verwertung im Sägewerk ist dann nicht mehr möglich. Dazu lautet die gängige Meinung der beamteten Waldwächter, dass gerade alte Recken Hitze und Trockenheit ganz besonders wenig entgegenzusetzen hätten; daher sei es sinnvoll, sie frühzeitig zu fällen und durch junge, vitale Bäume zu ersetzen. Doch das ist nur ein PR-Märchen, um ungestört durch öffentliche Proteste dicke, wertvolle Stämme abholzen zu können. Wirklich alte Bäume findet man deshalb nicht mehr in unseren Wäldern, sondern nur noch in Parklandschaften. Hier wird keine Forstwirtschaft betrieben, hier liebt man die Bäume um ihrer selbst willen.

Die Eichen von Ivenack hatten trotzdem schon vor dem Klimawandel ein hartes Leben, schließlich herrscht an solchermaßen kultivierten Orten kein echtes Waldklima. Ihnen sollte also im Vergleich zu ihren Kolleginnen in richtigen Wäldern ein kürzeres Leben beschieden sein. Dennoch sind sie die Rekordhalter unter den heimischen Eichen, und das hat auch etwas mit ihrem Lernverhalten zu tun.

Das älteste Exemplar wurde von Forscherinnen und Forschern genau unter die Lupe genommen. Wie bei uns Menschen ist auch bei Bäumen die Computertomografie ein gutes Mittel, in das Innere zu schauen, ohne dabei etwas zu zerstören. Während einer solchen Untersuchung stellte sich heraus, dass der Koloss bis auf eine dünne Außenwand faul und hohl ist. Bei einem Durchmesser von rund 3,50 Meter beträgt die Dicke des äußeren, halbwegs gesunden Holzes lediglich zwischen sechs und 50 Zentimeter, zum Teil ist es gar nicht mehr tragfähig. Mit diesem Rest muss der Baum Stürmen standhalten, muss das Wasser in die Krone transportieren und die Nährstoffe auf dem Rückweg hinab zu den Wurzeln. Wundert es da, dass die Eiche im trockenen Jahr 2018 ramponiert aussah und allen Grund zur Sorge gab? Hinzu kommt, dass die alten Recken in einem Wildpark stehen, in dem die Muffelschafe und Damhirsche in großer Zahl den Boden vollkoten. Dadurch findet eine Überdüngung mit Stickstoff statt, ein Effekt, der Bäumen ganz und gar nicht bekommt.[10]

Besorgt machte sich 2020 eine Gruppe um Professor Dr. Andreas Roloff auf, um den Zustand der ältesten Eiche im dritten Trockensommer 2020 zu untersuchen. Schnell war klar: Dem Baum geht es gut! Belaubung und Zweige lassen nur den Befund zu, dass der Zustand, so Roloff, für einen Baum dieses Alters optimal ist.

Um einen genaueren Blick auf Details zu werfen, wurden mit einem Wurfseil Zweigproben aus der Krone der Stieleiche gewonnen. Zur Überraschung der Forscher befanden sich an den Trieben etliche Blätter, die der Traubeneiche zuzuordnen sind, also eigentlich einer ganz anderen Baumart. Und das war noch nicht alles: Neben Früchten, die ebenfalls nach Traubeneiche aussahen, waren sogar Blätter vorhanden, die sonst an Pyrenäeneichen zu finden sind. Verschiedene Eichenarten, vereint an einem Baum?

Schon länger geistern durch die forstliche Fachwelt Theorien, die besagen, dass es gar keine Traubeneichen oder Stieleichen gibt, sondern nur eine Art, die je nach Standort unterschiedlich aussieht.

Stieleichen haben lange Stiele an den Früchten – daher der Name. Ihre Blätter sehen ein bisschen anders aus als die der Traubeneiche, aber es ist vor allem der Standort, der sie von Letzterer unterscheidet. Während die Traubeneiche trockene

Lagen im Hügel- und Bergland besiedelt, verträgt die Stieleiche monatelange Überschwemmungen und fühlt sich daher von Natur aus eher in tiefen Lagen, wie etwa in Auwäldern, wohl. So heißt es zumindest bisher in der forstlichen Fachwelt. Die eindeutigen Unterscheidungsmerkmale von Blättern und Früchten sind aber draußen im Wald gar nicht so eindeutig: Beide Eichenarten vermischen sich munter, und ihr Nachwuchs bildet alle möglichen Zwischenformen aus.

Die Forschungen um die Ivenacker Eichen lassen nun ganz andere Überlegungen aufkommen: Vielleicht handelt es sich gar nicht um zwei Baumarten, sondern nur um eine Art, die unterschiedliche Formen der Anpassung auf das jeweilige Klima ausbildet. Genetische Untersuchungen haben gezeigt, dass die Vorfahren der Methusalembäume von Ivenack nach der Eiszeit aus Spanien zurückgewandert sind. Wird es nun bei uns wieder wärmer und trockener (so wie in der ursprünglichen Heimat), so findet möglicherweise eine Anpassung an diese Verhältnisse statt, die sich in den anderen Blattformen ausdrückt. Dafür spricht auch, dass die Eichen sich nach 2018 trotz der zwei weiteren sehr trockenen Jahre 2019 und 2020 erholen konnten.[11] Anders ausgedrückt: Vielleicht erinnern sich die alten Bäume an die Heimat ihrer Vorfahren!

Eine andere Möglichkeit ist, dass wir Zeuge von der Entstehung einer neuen Baumart sind. Zeuge ist in diesem Fall aber relativ gemeint, weil dieser Prozess Jahrtausende andauern kann. Vielleicht spaltet sich die heimische Eiche in die neuen Arten Stiel- und Traubeneiche auf. Das klingt ein bisschen merkwürdig, weil doch landauf, landab Mischformen auftauchen. Eichen sind Windbestäuber, ihre Pollen fliegen viele Kilometer weit zu den nächsten Bäumen. Dadurch findet eine ständige Durchmischung statt – wie soll sich da eine neue Art herausbilden, wenn das Ergebnis ständig wieder über den Haufen geworfen wird?

Aus der heimischen Tierwelt gibt es ein vergleichbares Beispiel mit ähnlichen Hürden. Es sind die Rabenkrähen, die sich möglicherweise ebenfalls gerade anschicken, eine neue Art hervorzubringen. Auch sie können weit fliegen und sich mit Krähen anderer Landstriche vermischen, und dennoch spaltet sich eine besondere Farbvariante ab – die Nebelkrähe. Genetische Untersuchungen ergaben, dass es sich bei Raben- und Nebelkrähen um dieselbe Art handelt und sich beide auch kreuz und quer paaren. Dennoch treten sie gebietsweise unterschiedlich häufig auf. So gibt es in den heimischen Wäldern rund um Wershofen keine Nebelkrähen, während östlich der Elbe häufig nur Nebelkrähen und keinerlei Rabenkrähen zu sehen sind.

Obwohl die Krähen beider Farbvarianten auch Mischpaare bilden, kommt dies doch eher selten vor. Das hängt mit einem Phänomen zusammen, das wir auch bei unseren Hühnern und sogar bei unseren Ziegen beobachten konnten: Tiere, die sich farblich ähnlich sehen, fühlen sich stärker zueinander hingezogen. Dadurch können sich die Nebelkrähen als eigene Population halten und entwickeln sich in Zukunft möglicherweise zu einer eigenen Art.

Bei den Eichen funktioniert diese Hingezogenheit natürlich nicht – Pollen kann schließlich nicht unterscheiden, auf welcher weiblichen Blüte er landen möchte und auf welcher lieber nicht. Als Erklärung bliebe dann noch die Anpassungsfähigkeit an den jeweiligen Standort und das sich wandelnde Klima, was sich durch ein verändertes Aussehen von Blüten und Früchten zeigt. Für mich klingt die Theorie der zwei Arten dennoch nicht allzu plausibel.

Nebenbei haben die Untersuchungen an den Ivenacker Eichen noch ein ganz anderes Ergebnis zutage gebracht: dass selbst die ältesten Bäume noch in der Lage sind, sich auf andere Umweltbedingungen einzustellen. Wie Sie vielleicht schon aus meinem

Buch »Das geheime Leben der Bäume« wissen, können Bäume lernen und das erlernte Wissen lange speichern. Wenn Bäume 1000 Jahre lang lernen, sollten sie also viel besser als junge, frisch gepflanzte Setzlinge wissen, wie man auf Sommertrockenheit reagiert. Die Forschungsergebnisse sind somit auch ein Plädoyer dafür, unsere Waldbäume endlich wieder älter werden zu lassen.

Wer sein ganzes Leben lang lernt, der häuft einiges an Wissen an. Bei uns wird dies in Büchern und Computern gespeichert oder wie in grauer Vorzeit mündlich überliefert. Doch wie verhält es sich damit bei den Bäumen? Stirbt mit ihnen am Ende ihres Lebens auch ihre gesamte Erfahrung? So dachte man lange, bis sich eine junge wissenschaftliche Disziplin dieser Fragestellung annahm und feststellte: Auch Bäume geben ihre Weisheit an die nächste Generation weiter.

Die Weisheit steckt im Samenkorn

Im Wald, besser gesagt: in den Forstbetrieben, ist Hektik ausgebrochen. Wie soll man bloß die Forste auf den Klimawandel, auf die Hitze und Dürreperioden vorbereiten? Bäume können zwar lernen, sind in Bezug auf ihre genetische Anpassungsfähigkeit aber leider extrem langsam. Mutationen, also Änderungen des Erbguts und damit Änderungen der Eigenschaften, können ja nur jeweils bei der nächsten Generation entstehen. Doch diese kommt in einem natürlichen Wald erst nach dem Alterstod eines Baums zum Zuge, und je nach Art beträgt diese Zeitspanne bis zu 600 Jahre – das ist in Zeiten des rasant fortschreitenden Klimawandels natürlich viel zu langsam.

Viele Tiere – wie etwa der Hase – sind in dieser Hinsicht deutlich besser dran. Er vermehrt sich so rasant, dass Häsinnen schon wieder trächtig werden können, noch während sie trächtig sind. So kommen sie auf drei bis vier Würfe pro Jahr mit der entsprechenden Chance auf genetische Abweichung und Anpassung. Doch Mutationen geschehen nicht zielgerichtet und sind deshalb für Veränderungen nicht besonders effektiv – sind sie doch reine Lesefehler im genetischen Code während des Fortpflanzungsprozesses. Die meisten Mutationen spielen daher keine Rolle, und wenn, können sie völlig in die falsche Richtung gehen. Bis aus so einem Prozess zufällig besser angepasste Bäume hervorgehen, können Jahrtausende vergehen. Wäre es da nicht viel besser, den Zufall auszuschalten und den Prozess zu beschleunigen? So machen es zumindest wir Menschen: Wir geben unsere Erfahrungen mündlich oder schriftlich an die nächste Generation weiter, die sich nicht über Mutationen anpassen muss, sondern über Änderungen der Lebensgewohnheiten. Nun haben Bäume keine Schrift, zumindest nicht im klassischen Sinne. Dennoch schreiben sie quasi Nachrichten an ihren Nachwuchs, und zwar in ihrem Erbgut. Bevor wir uns anschauen, wie Bäume das hinbekommen, lassen Sie uns einen Blick in die Vergangenheit werfen, und zwar in die Zeit nach dem Zweiten Weltkrieg.

Noch vor wenigen Jahrzehnten herrschte die wissenschaftliche Meinung vor, dass genetische Veränderungen nur durch Mutationen möglich seien und nicht etwa durch Erfahrungen. Diese Erfahrungen konnten demnach nur mündlich oder durch Anleiten an die nächste Generation weitergegeben werden. Doch durch den Zweiten Weltkrieg wandelte sich diese Ansicht. So hungerten im Winter 1944/45 viele Niederländer wegen der durch deutsche Repressionen verursachten Lebensmittelknappheit. Schwangere Frauen gaben diese Erfahrung offenbar an ihre ungeborenen Kinder weiter, deren Stoffwechsel auf Nährstoffmangel programmiert wurde. Durch den in der Nachkriegszeit einsetzenden Nahrungsüberfluss führte das bei dieser Bevölkerungsgruppe später zu verstärkten Gesundheitsproblemen. Sie wies eine erhöhte Neigung zu Übergewicht und anderen Zivilisationskrankheiten auf als der Durchschnitt der Niederländer.[12]

Dass es nicht die Gene allein sind, die unser Aussehen und unsere Funktionen bestimmen, zeigt Ihnen jede einzelne Zelle Ihres Körpers. In diesen Zellen ist jeweils der identische Bauplan für den kompletten Menschen schön kompakt und verdreht vorhanden. Diese DNA ist ausgestreckt zwei Meter lang – darauf passen auf molekularer Ebene sehr viele Informationen, die am jeweiligen Ort im Körper nur teilweise gebraucht werden. Die Zellen Ihrer Hand sind anders geformt als die in

Ihrem Gehirn. Doch wie regelt der Körper dies bei Wachstum oder auch Wundheilung so, dass auch wirklich nur der an Ort und Stelle benötigte Zelltyp gebildet wird? Hier kommt die Epigenetik ins Spiel, also all die Prozesse, die bestimmen, welche Teile der Gene angeschaltet oder ausgeschaltet werden. Unsere DNA kann man sich wie ein Lexikon vorstellen, in dem sämtliches Wissen für den Bau unseres Körpers und seine Funktionen gespeichert ist. Epigenetische Prozesse stellen so etwas wie Lesezeichen dar, die dabei helfen, dass nur die Seiten aufgeschlagen werden, die aktuell gelesen werden sollen.

Das Anlegen von Lesezeichen geschieht mithilfe von Methylmolekülen, die an den genetischen Code angelagert werden und ihn damit verändern. Diese Veränderungen werden auch von der eigenen Lebenserfahrung beeinflusst, das zeigen uns Beispiele wie jenes des Hungerwinters in den Niederlanden.

Bäume haben die gleichen Fähigkeiten, Erfahrungen weiterzugeben, wie Wissenschaftler der Technischen Universität München an einer uralten Pappel aufzeigen konnten. Der 330 Jahre alte Baum passte sich laufend an Veränderungen in seiner Umwelt an, wie etwa Dürren oder Temperaturschwankungen, was sich auch ganz deutlich in seinen Genen abbildet. Doch woher weiß man überhaupt, dass sich die Gene der Methusalempappel gewandelt haben? Ganz einfach – man untersucht Blätter, die am Ast weit voneinander entfernt sind. Der Ast wird mit den Jahren immer länger und damit älter. Die ältesten Teile befinden sich nah am Stamm, wo der Ast einst austrieb, die jüngsten an der Spitze. Wenn nun die Pappel im Laufe der Jahrhunderte dazulernt und ihre Gene immer weiter epigenetisch verändert, dann sollten die größten Veränderungen an den Astspitzen festzustellen sein.

Und genau das bestätigte sich für die Forscher: Je weiter die Blätter am Ast voneinander entfernt waren, desto stärker unterschieden sie sich in Bezug auf die »Lesezeichen« voneinander.

Bei der untersuchten Pappel müssen die Veränderungen im Vergleich zu Mutationen, wie sie von Generation zu Generation auftreten, bis zu 10000-mal schneller abgelaufen sein. Zudem ist bekannt, dass Bäume diese gesammelten Neuerungen (oder Erfahrungen) häufig nicht nur an die direkten Nachkommen, sondern über viele Generationen hinweg weitergeben.[13] Und weil Bäume sich jährlich vermehren, können sie auch jedes Jahr Nachkommen mit neu angepassten Eigenschaften hervorbringen.

Wie findet man aber heraus, ob der Baumnachwuchs tatsächlich etwas von seinen Eltern gelernt hat? Eine solche Untersuchung ist zwar aufwendig, aber nicht kompliziert. Forschende der schweizerischen Forschungsanstalt für Wald, Schnee und Landschaft hatten für Versuche mit Waldkiefern schon seit 2003 verschiedene Waldstücke bewässert. Den Bäumen fehlte es somit an nichts, sie wurden gewissermaßen verwöhnt. Zehn Jahre später stellten die Wissenschaftlerinnen und Wissenschaftler in einem Teil des Waldes die Bewässerung ein. Anschließend wurden Samen von den verwöhnten und von den trocken gestellten Kiefern eingesammelt und im Gewächshaus ausgesät. Und siehe da: Die Setzlinge von stets bewässerten Mutterbäumen vertrugen Trockenheit viel schlechter als der Nachwuchs der Kiefern, die keine Extraportion Wasser mehr bekommen hatten. Dies war einer der ersten Nachweise, dass Bäume ihr Wissen an die nächste Generation weitervererben.[14]

Für ein ähnliches Experiment mussten die Bäume etwas weiter reisen. Es waren Fichten aus Österreich, die im rauen Norwegen angepflanzt wurden. Als die Bäume ausgewachsen waren, produzierten sie Nachwuchs. Und auch hier wurde der Lerneffekt in der nächsten Generation sichtbar: Die Sämlinge wiesen eine ähnliche Toleranz gegenüber Frost auf wie die norwegischen Kolleginnen. Umgekehrt funktionierte das Lernen übrigens genauso: Norwegische Fichten, die weiter südlich angepflanzt wurden, passten sich an das wärmere Klima an. Ihr Nachwuchs war nicht mehr so frostresistent wie die Mutterbäume.[15]

Der Verdacht, dass Veränderungen bei Bäumen aufgrund ihres langen Lebens und ihrer entsprechend langen Generationenfolge ewig dauern, hat sich also nicht bestätigt. Denn weil die Baumeltern bis zum letzten Atemzug dazulernen, sind deren Samen bereits mit den allerneuesten Strategien ausgerüstet. Sie müssen also nicht wieder von vorne beginnen und alle Fehler selbst machen – der Epigenetik sei Dank. Damit ist das hohe Alter von Mutterbäumen kein Nachteil, sondern ganz im Gegenteil ein großer Vorteil, denn es gilt: Je älter, desto weiser, und desto besser angepasst ist anschließend auch der Nachwuchs. Dieser profitiert von der jahrhundertelangen Erfahrung seiner Eltern, und damit kommen wir noch einmal auf den nachwuchsfreudigen Hasen zurück: Er kann maximal zehn Jahre alt werden und deshalb auch nur entsprechend wenig Fähigkeiten epigenetisch weitergeben – hier sind die Bäume also eindeutig im Vorteil.

Was Bäume im Laufe ihres Lebens dazugelernt haben, kann man am ehesten an den äußeren Zweigspitzen feststellen – im jüngsten Trieb eines alten Baumes konzentriert sich das Wissen des ganzen bisherigen Lebens. Im Falle der Ivenacker Eiche sind das beachtliche 1000 Jahre. Die überraschenden Blattveränderungen, die den Wandel von der Stieleiche (mag es eher feucht) zur Traubeneiche (mag es eher trocken) andeuten, wurden überwiegend in den oberen Kronenzweigen gefunden – das sind die jüngsten des Baums. Spannend wäre es zu erfahren, ob die Eicheln, die an diesen Zweigen wachsen, besser an Dürre angepasste Jungbäume hervorbringen als die, die an älteren Ästen wachsen. Der aktuellen Forschung zufolge könnte dies so sein, und dann wäre auch bewiesen, dass sich die Baumarten sehr viel schneller an den Klimawandel anpassen könnten als bisher vermutet. Ob die Anpassungsgeschwindigkeit ausreicht, hängt natürlich davon ab, inwiefern wir das Tempo des Wandels durch ungebremste Umweltzerstörung ständig weiter erhöhen.

Buchen und Eichen lieben es kühl und feucht, und deshalb schauen wir besorgt auf die zunehmende Sommertrockenheit. Doch möglicherweise ist sie gar nicht das Hauptproblem, wie Sie gleich sehen werden.

Volltanken im Winter

Ausreichend feucht und windstill: Das ist ein Wetter, bei dem ich mir um Bäume keine Sorgen mache. Stürmt es im Winter, so schaue ich unruhig auf die sich ächzend biegenden Baumkronen und hoffe, dass nicht allzu viele Bäume umfallen. Wird es im Sommer heiß und trocken, so denke ich an verdurstende Fichten, die zusätzlich vom Borkenkäfer heimgesucht werden. Selbst wenn dann in der warmen Jahreszeit ein Gewitter und damit endlich genügend Regen aufzieht, mache ich mir Gedanken. Laubbäume sind nun einmal für Winterstürme optimiert, werfen rechtzeitig vorher ihre Blätter und damit Windangriffsfläche ab und kippen nicht so leicht um wie immergrüne Nadelbäume. Bei aufziehenden Gewittern und den oft damit einhergehenden kurzen, aber heftigen Sturmböen sieht die Sache anders aus: Jetzt sind auch Buchen und Eichen in vollem Laub und werden völlig unerwartet stark gebogen. Wenn Laubbäume stürzen oder brechen, dann meist bei solchen Wetterlagen.

Sie sehen also, dass man sich als Förster immer Sorgen machen könnte. Zumindest die Sorge in Bezug auf Sommertrockenheit konnte mir ein Team der Eidgenössischen Technischen Hochschule (ETH) Zürich etwas nehmen. Die Forscherinnen und Forscher untersuchten an 182 Waldstandorten der Schweiz, aus welcher Jahreszeit das Wasser stammt, das Buchen, Eichen oder Fichten während des Sommers aufsaugen. Spontan würde man sagen: »Aus dem Sommer natürlich, woher denn sonst?« Die überraschende Antwort lautet aber: hauptsächlich aus dem Winter! Entscheidend ist also weniger, wie viel es in den warmen Monaten regnet, sondern vielmehr, wie viel Niederschläge es in der kalten Jahreszeit gibt.

Doch bevor wir über die Konsequenzen nachdenken, drängt sich eine ganz andere Frage auf: Wie kann man das überhaupt herausfinden?

Zuerst muss man die Unterschiede von Winter- und Sommerregen erforschen. Dazu versenkten die Wissenschaftler Lysimeter in den Boden, Geräte, mit denen das Wasser aus dem Erdreich bis zu einer Tiefe von 120 Zentimeter gesammelt werden konnte. Winterniederschläge haben eine andere chemische Signatur als Sommerniederschläge und sind an andere Bodenstrukturen gebunden. Doch woher weiß man, welches Nass der Baum wirklich verwendet? Ganz einfach – man untersucht die Signatur des Wassers in den Zweigen der Baumkrone. Na ja, ganz so einfach war es dann doch nicht, denn dazu mussten Techniker, unter einem Hubschrauber hängend, die Proben aus den Baumkronen schneiden. Das Ergebnis aus dem Labor: Buchen und Eichen trinken auch im Sommer Winterwasser, während es den Fichten offenbar egal ist, aus welcher Jahreszeit das Nass stammt.

Nun könnte man auf die Idee kommen, dass die Bäume deswegen mehr Winterwasser nutzen, weil es im Sommer weniger regnet. Das war an den untersuchten Standorten in der Schweiz aber nicht der Fall – rund 58 Prozent der Jahresniederschläge fallen dort in den warmen Monaten. Außerdem dürfte es dann keine Unterschiede zwischen verschiedenen Baumarten geben.

Den Unterschied zwischen den Laubbäumen und den untersuchten Fichten erklären die Wissenschaftler damit, dass Eichen und Buchen eher Feuchtigkeit aus feinsten Poren in tieferen Bodenschichten saugen, während Fichten mehr Wasser aus größeren Hohlräumen trinken – im selben Waldbestand. Damit kommen sich die Baumarten, obwohl sie gleich tief wurzeln, gar nicht so stark ins Gehege, wie manche Förster denken. Außerdem lässt sich so viel leichter erklären, wie Winter- und Sommerniederschläge im Boden überhaupt zu trennen sind. Während der Sommerregen von den Pflanzen gleich wieder aufgesogen wird und verdunstet, kann Winterniederschlag schön langsam in die kleinsten Hohlräume einziehen, bis diese vollständig durchtränkt sind.[16] Die Bäume schlafen um diese Zeit alle, und der Verbrauch tendiert deshalb gegen null. Je nach Boden können pro Quadratmeter bis zu 200 Liter Wasser aufgenommen und gespeichert werden.[17]

Mit dieser neu gewonnenen Erkenntnis werden zwei Aspekte wichtiger: Wenn wir wissen wollen, wie es unseren heimischen Laubwäldern geht, dann sollten wir stärker auf die Winterniederschläge schauen. Diese werden zwangsläufig weniger werden, allein schon deshalb, weil sich die Winter durch den Klimawandel laufend verkürzen. Nach Angaben des Umweltbundesamtes hat sich die kalte Jahreszeit seit 1961 schon um 14 Tage verkürzt.[18]

Das andere Dilemma ist die Zerstörung der Bodenporen durch die Befahrung der Wälder mit bis zu 70 Tonnen schweren Erntemaschinen. Das empfindliche Erdreich reagiert beim Überrollen wie ein Schwamm, der zusammengedrückt wird. Im Gegensatz zu einem Schwamm richtet sich der Boden aber nicht mehr auf – nie wieder. In den Fahrspuren versickert folglich kaum noch Wasser, sodass die Bäume im Winter nicht mehr richtig tanken können.

Unter normalen Verhältnissen und bei intaktem Boden wird aber deutlich, dass der Wasservorrat aus dem Winter selbst in Dürreperioden einen ordentlichen Puffer bietet – er ist der Tank der Bäume, aus dem sie sich den ganzen Sommer über bedienen.

Nun erscheint auch der herbstliche Laubfall in ganz neuem Licht. Bisher dachte man, der Hauptgrund sei in der Vermeidung von zu schweren Lasten auf den Ästen zu finden. Das kann nasser Schnee sein, der sich voll Wasser saugt und deshalb ein enormes Gewicht auf belaubten Zweigen erreicht. Schnell ist dieses Gewicht zu hoch für den Baum, was zum Abbrechen dicker Äste oder sogar zum Umstürzen des ganzen Baumes führen kann. Zudem ist ein laubloser Baum viel besser gegen Stürme gewappnet, weil er kaum noch Angriffsfläche für heftige Böen bietet.

Aktuelle Forschungsergebnisse zeigen jedoch, dass Interzeption möglicherweise ein weiterer wichtiger Grund für den Laubfall sein könnte. Es handelt sich hierbei um den Teil der Niederschläge, der in der Krone hängen bleibt – und das ist eine ganze Menge! Dieses Wasser verdunstet von den Blättern direkt wieder in die Luft, ohne den Boden zu erreichen. Es ist für die Bäume verloren, weshalb für sie nur stärkere Regenfälle wirklich durstlöschend sind, zumindest im Sommer. Da macht es Sinn, sich während der Schlafenszeit im Winter »auszuziehen«, wenn die Blätter ohnehin nicht gebraucht werden. Die Regentropfen können so ungehindert direkt auf den Boden gelangen.

Im Sommer sieht das ganz anders aus, denn dann ist Wald die Vegetationsform mit den größten Wasserverlusten dieser Art. Pro Quadratmeter Boden befinden sich im Obergeschoss bis zu 27 Quadratmeter Blatt- oder Nadeloberfläche.[19] Erst wenn diese tropfnass sind, fällt weiterer Niederschlag bis auf den Boden. Dabei gibt es allerdings große Unterschiede zwischen den Baumarten. Die Tatsache, dass Laubwälder zumindest im Winter mehr Regenwasser auf den Boden durchlassen als Nadelwälder, ist völlig logisch. Während im Sommer alle Bäume eine ähnliche Menge an Niederschlägen in ihren Kronen zurückhalten, gibt es im Winter erhebliche Unterschiede. Bei Buchen, Eichen und anderen Laubbäumen rauscht der Regen fast ungebremst zu Boden. Wasser, das auf Zweige trifft, wird durch die schräg zum Himmel gereckten Äste sogar wie durch einen Trichter zielgerichtet zum Stamm geführt und schießt in kleinen Sturzbächen über die Rinde hinab bis zu den Wurzeln. Ganz anders läuft es bei den immergrünen Fichten und Kiefern: Da gibt es keinen Unterschied zum Sommer, hier bleiben auch in der kalten Jahreszeit zwischen 30 und 40 Prozent der Niederschläge in der Krone hängen. Bei den zu dieser Jahreszeit nackten Laubbäumen fällt der Wert des zurückgehaltenen Regenwassers dagegen auf unter 8 Prozent.[20]

Es stellt sich die Frage, was mit dem zurückgehaltenen Wasser passiert. Es verdunstet direkt von Zweigen, Nadeln und Blättern zurück in die Luft, ist aber nur für diesen Wald verloren. Denn aus den aufsteigenden Dämpfen können sich ja andernorts neue Regenwolken bilden und den dortigen Wald tränken. Für das gesamte Ökosystem der Wälder spielt es also kaum eine Rolle, lokal dagegen sehr wohl. Für den einzelnen Baum zählt schließlich nur das, was letztendlich im Boden und damit bei seinen eigenen Wurzeln ankommt. Und das ist in Nadelwäldern rund ein Drittel weniger als das, was die Regenwolken über den Kronen abladen. Warum machen Fichten und Kiefern dann überhaupt so einen »Blödsinn« und behalten auch im Winter die Nadeln an den Zweigen? Wasser ist schließlich das Lebenselixier Nummer eins! Der Grund liegt in der Heimat dieser Koniferen, im nördlichen Nadelwaldgürtel dieser Erde. Dort sind die Sommer kurz und die Winter lang. Wer im Frühling erst Blätter bilden und im Herbst wieder abwerfen muss, dem bleibt als Baum kaum Zeit, Zucker durch Fotosynthese zu produzieren. Nein, in solchen Gegenden bleibt man am besten immer auf Stand-by und legt erst los, sobald die Temperaturen es erlauben.

Um endgültig bei den Wurzeln anzukommen, muss Regenwasser noch das Laub oder die Nadeln auf dem Boden durchdringen, die dort oft dicke Schichten bilden. Da trifft es sich gut, dass sich das Laub heimischer Baumarten ausgesprochen leicht zersetzt. Anders ausgedrückt: Das Heer der Bodenlebewesen stürzt sich voller Appetit auf die herabfallende Biomasse und verspeist sie in atemberaubendem Tempo. Die vertilgte Masse an Blättern und Zweigen erreicht in unseren heimischen Wäldern pro Jahr und Hektar fünf Tonnen, die Zahl der Blätter geht auf derselben Fläche in die Millionen. Schon eine einzige Buche kann eine halbe Million Blätter abwerfen, die zu ihren Füßen eine bis zu zehn Zentimeter hohe Schicht bilden können.[21] Je nach Bodenqualität wird sie innerhalb von ein bis drei Jahren verzehrt und als krümeliger Humus zurückgelassen. Dieser ist einer der Hauptwasserspeicher des Bodens, sodass das recycelte Laub anschließend so etwas wie den Tank der Bäume bildet.

In den monotonen Fichten- und Kiefernplantagen funktioniert das sehr viel schlechter. Allgemein wird das auf die sauren Nadeln geschoben, die den Bodenorganismen den Appetit verderben. Ich denke allerdings, es liegt eher daran, dass das heimische Bodenleben weniger mit dieser Nahrung voller Terpene und Harze anfangen kann.

Regen, der trotz der dichten Kronen von Fichten und Kiefern den Boden erreicht, sieht sich nun mit dem nächsten Hindernis konfrontiert: Die Nadeln vieler Jahre haben oft einen dicken Teppich gebildet. Ich habe schon häufig erlebt, dass er wie imprägniert wirkt und das Wasser nach vorangegangener langer Trockenheit abperlt, anstatt einzudringen. Kein Wunder also, dass aktuell so viele Plantagen in der zunehmenden Sommerdürre ihr Leben aushauchen, zumal Fichten ja im Gegensatz zu Buchen und Eichen auf diesen Sommerniederschlag angewiesen sind.

Für das Grundwasser ist die Frage, welcher Wald über ihm steht, noch wesentlich gravierender. In den Tiefen kommt ja nur das an, was nach sämtlichen Prozessen übrig bleibt. Bevor auch nur ein Tropfen bis dort unten hindurchsickert, ist viel Wasser in den Baumkronen verdunstet, viel über dem Boden abgeflossen, viel in den Humus und den Boden eingedrungen und dort gespeichert worden. Nicht zu vergessen ist die Menge, die ein ausgewachsener Baum für sich selbst verbraucht: Bis zu 500 Liter kann er an einem heißen Sommertag trinken. Das Grundwasser bekommt also nur die Krümel bzw. Tropfen vom Tisch der Bäume, und diese Reste unterscheiden sich deutlich voneinander. Natürliche Buchenwälder sind im Vergleich zu Kiefernplantagen regelrechte Gönner und lassen drei- bis-fünfmal mehr Wasser durchrieseln als ihre nadeligen Kolleginnen.[22]

Eine Ausnahme unter den Nadelbäumen stellt die Lärche dar. Sie ist in den Gebirgslagen Europas zu Hause und dort der einzige heimische Nadelbaum, der im Herbst zusammen mit den Laubbäumen abwirft. Häufig wird sie in den Plantagen zusammen mit Fichten und Kiefern angebaut und ist dort leider genauso deplatziert. Dennoch kann die Lärche ein wenig mehr punkten. Zum einen bietet ihre winterkahle Krone Stürmen genauso wenig Angriffsfläche wie die von Laubbäumen, zum anderen lässt sie von November bis April die Niederschläge ebenso ungefiltert zu Boden prasseln wie Buchen oder Eichen. An Zufälle glaube ich dabei nicht, ist die Lärche doch von Natur aus in eher feuchteren Gegenden zu Hause, braucht also mehr Wasser als beispielsweise die Kiefer. Was liegt da näher, als evolutionär eine ähnliche Strategie wie die Laubbäume zu nutzen?

Wenn der Herbst naht und das Laub langsam bunt wird, dann können Sie selbst eine Prognose abgeben, wie fit der jeweilige Baum noch ist. Dazu brauchen Sie sich nur die Farbe anzuschauen – zumindest bei einigen Arten verrät diese genau, wie es um den Kandidaten steht.

Rote Blätter gegen Läuse

Im Oktober 2020 zeigte sich eine Auffälligkeit: Das bunte Farbspiel des herbstlichen Laubfalls fiel nicht ganz so farbenfroh aus wie sonst. Grün, Gelb und Braun waren wie in jedem Jahr zu sehen. Vor allem das Gelb leuchtete gewohnt fröhlich im durch die Wolkenlücken hervorstrahlenden Sonnenschein. Doch die Kirschbäume und ein prächtiger Birnbaum an unserer Pferdeweide haben normalerweise noch mehr zu bieten: ein Feuerwerk von Orange bis Tiefrot. Vor allem die Kirschbäume beginnen oft schon Ende August, ihre Blätter entsprechend zu verfärben, weil sie dann einfach schon satt sind und den Laden dichtmachen. In feucht-warmen Jahren vermögen sie offenbar schneller eine Zuckerreserve anzulegen als andere Baumarten, und wenn das Speichergewebe gefüllt ist, macht weitere Fotosynthese keinen Sinn. Im Sommer 2020 sah das allerdings anders aus: Keine Spur von Laubverfärbung und Sättigung, lediglich hier und da zeigte ein sich bräunlich verfärbendes Blatt, dass diese Bäume unter der Trockenheit ähnlich litten wie der gesamte Wald ringsherum. Es überraschte mich nicht, dass die Kirschen statt wie üblich Ende August zusammen mit allen anderen Laubbaumarten Ende Oktober von Grün auf Gelb wechselten und damit anzeigten, dass sie die Reservestoffe erst jetzt aus den Blättern zurückzogen.

Die gelbe Herbstfärbung der Blätter ist kein aktiver Prozess, sondern entsteht, während sich die Bäume für den Winterschlaf vorbereiten. Dabei zerlegen sie das Chlorophyll und ziehen es langsam in Zweige, Stamm und Wurzeln zurück. Eingelagert überdauert es den Winter, bevor es im Frühjahr wieder umgekehrt die Reise in die neuen Blätter antritt. Ist das Grün im Herbst verschwunden, werden gelbe Carotinoide sichtbar. Sie waren die ganze Zeit schon im Blatt vorhanden, aber durch den grünen Farbstoff überdeckt worden.

Ganz anders die Farbe Rot: Sie muss der Baum erst bilden und dann aktiv in die Blätter pumpen. Rot ist quasi ein farblicher Geisterfahrer, der entgegen der allgemeinen Rückzugsrichtung unterwegs ist. Forscher rätseln bis heute, warum Bäume diese Mühe auf sich nehmen. Schließlich kostet die Bildung solcher Stoffe Kraft und Zeit in einem Moment, in dem mit jedem Tag der Aktivität das Risiko steigt, von einem frühen Wintereinbruch überrascht zu werden. Anstatt noch einen weiteren Farbstoff ins Rennen zu schicken, sollte der Baum lieber alle Kräfte bündeln, um die letzten Reste nützlicher Substanzen so schnell wie möglich in Zweig und Stamm in Sicherheit zu bringen. Denn wenn der erste massive Kälteeinbruch kommt, gehen Buche, Eiche und Co. zwangsläufig in den Winterschlaf. Alles, was bis dahin nicht erledigt ist, geht verloren.

Eine gängige Erklärung lautet: Bäume produzieren eine Art Sonnenschutz für ihre Blätter, ganz ähnlich unserer Haut, die sich bei UV-Bestrahlung allmählich dunkler färbt. Doch wozu sollten sich Blätter, die kurz vor dem Abwurf stehen, ausgerechnet zu diesem Zeitpunkt gegen das Sonnenlicht schützen? Forscher stellten die These auf, dass gerade dann, wenn das grüne Chlorophyll abgebaut und zurückgezogen wurde, die Empfindlichkeit besonders hoch sei.[23] Die Zellen leben dann schließlich immer noch, und der Baum muss die Reststoffe im Blatt schleunigst abziehen und damit retten – aus geschädigtem Gewebe wäre das nicht mehr möglich.

Eine andere Erklärung erscheint allerdings mindestens ebenso logisch: Der rote Farbstoff dient der Abschreckung von Insekten, die an den Blättern saugen möchten. Bäume demonstrieren damit ihre Fitness, sagen gewissermaßen: »Seht her, ihr Parasiten! Ich habe im Herbst noch so viel Kraft, dass ich sogar eine Extrarunde drehen und meine Blätter rot verfärben kann. Lasst euch bloß nicht hier nieder, denn im nächsten Frühjahr wehre ich euch mit Giftstoffen ab!« Rot verfärbte Bäume wären demnach Angeber. Aber ganz so einfach ist es wohl doch nicht, denn die Insekten, wie zum Beispiel Blattläuse, haben da ein gewichtiges Wort mitzureden. Sie können sich von der roten Farbe gar nicht beeindrucken lassen, weil ihren Augen entsprechende Rezeptoren für Rot fehlen, sprich: Die Tiere können die Farbe gar nicht sehen. Dennoch spricht einiges dafür, dass genau das bei ihrer Wahl eine Rolle spielt – dazu gleich mehr.

Parallel zu den Bäumen bereiten sich auch die Insekten auf den Winter vor. Für viele von ihnen heißt das ganz einfach: Sie sterben. Doch vor dem Lebensende werden noch einmal Eier gelegt. Damit der schlüpfende Nachwuchs es im Frühjahr nicht allzu weit bis zur nächsten Futterquelle hat, platzieren die Insektenmütter die Eier in den Ritzen der Rinde von passenden Bäumen. Bäume können sich durch Einlagerung von Giftstoffen in die Blätter gegen Überfälle von Parasiten wehren, allerdings nur, wenn sie gesund sind. Wie leicht kränkelnde Exemplare attackiert werden können, erleben wir gerade mit den Fichten und Kiefern in den großen Plantagen. Die Borkenkäfer können es wortwörtlich riechen, wenn die Nadelbäume in Stress geraten und sich gegen Einbohrversuche nicht mehr verteidigen können.

Ein ähnliches Gespann wie Borkenkäfer und Fichte sind auch Blattlaus und Apfelbaum. Vielleicht kennen Sie das aus Ihrem Garten: Kaum sind die ersten zarten Blätter im Frühling erschienen, krümmen sich auch schon etliche von ihnen krallenartig nach innen. Ein Blick auf die Unterseite verrät die Ursache. Heerscharen von Blattläusen nutzen das zarte Gewebe, um ihren Rüssel einzustechen und süßen Saft abzuzapfen. Ein starker Befall lässt die Triebe verkümmern, sodass der Apfelbaum Mühe hat, in die Höhe zu wachsen. Verkrüppelte Triebe tragen kaum Blätter, was den Baum zusätzlich erheblich schwächt. Und das ist noch nicht alles: Die ungebetenen Gäste können zudem Viren, Pilze oder Bakterienkrankheiten übertragen, kurz, Blattläuse sind für Bäume eine echte Plage. Da wäre es doch schön, wenn die kleinen Lästlinge einen großen Bogen um die eigene Krone machen würden, oder?

Und genau das scheint gesunden Apfelbäumen zu gelingen, indem sie ihre Blätter vor dem Blattfall rot einfärben. Auch bei vielen anderen Laubbäumen, deren Blätter sich im Herbst röten, sind ähnliche Phänomene zu beobachten. Langjährige wissenschaftliche Untersuchungen zeigen, dass offenbar grundsätzlich alle Arten von Bäumen mit rotem Herbstlaub mit besonders vielen Blattlausarten kämpfen, die es auf sie abgesehen haben. Es scheint eine Coevolution zu geben, also eine gemeinsame Entwicklung von fressen und gefressen werden, von Befall und Abwehr.

Aber noch einmal: Blattläuse können Rot gar nicht sehen. Dennoch gibt es Befunde, die beweisen, dass Läuse rot färbende Bäume weniger befallen. Zudem ist der Blattlausnachwuchs auf solchen Bäumen nicht so gesund, ganz im Gegensatz zu Exemplaren der gleichen Art, die im Herbst lediglich gelbe Blätter bekommen.[24]

Warnen können die Bäume mit Rot also nicht, auch wenn es eine schöne Analogie zu unserem Empfinden wäre. Die Lösung liegt auf der Hand, wenn wir die Welt einmal aus den Augen einer Blattlaus betrachten. Sie sucht im Herbst nach Bäumen, die ihrem Nachwuchs die besten Lebensgrundlagen verschaffen. Grünes und gelbes Laub ist für sie dabei sehr auffällig, Signale, die sie anziehen und dazu veranlassen, an solchen Stämmen und Zweigen ihre Eier abzulegen. Rot ist demnach keine Warn-, sondern eine Tarnfarbe! Was für uns Menschen besonders auffällig ist, verschwindet für die Augen der Blattläuse als unauffällige Mischung von Blau und Grün.[25]

Marco Archetti von der Harvard-Universität wollte die Blattlaus-Baum-Beziehung noch einmal genauer unter die Lupe nehmen. Dazu untersuchte er die Fitness von Blattläusen an Apfelbäumen. Apfelbäume haben den Vorteil, dass es sowohl wilde Exemplare als auch jede Menge Zuchtsorten gibt. Die wilden Bäume konnten sich über Jahrtausende an das Zusammenspiel mit den Blattläusen anpassen und eine eigene Strategie entwickeln, die Kultursorten dagegen nicht. Wir Menschen schauen ja auf die Erträge, züchten Bäume, deren Äpfel groß, schön und lecker sind. Der evolutionäre Entwicklungsdruck geht daher nicht mehr von den Blattläusen aus, sondern von uns. Die Apfelbäume passen sich also unseren Wünschen, sprich, Selektionskriterien an, weil dies der Hauptfaktor für das Überleben in der Kulturlandschaft ist. Dabei bleiben leider andere Eigenschaften unbeachtet, vor allem solche, deren Zusammenhänge wir bisher nicht kannten. Rot als Abwehrfarbe gegen Blattläuse bei Kultursorten spielte in der Vergangenheit keine Rolle – wie sollte es auch, wenn bisher kein Gärtner etwas davon wusste. Da der Zuchtprozess von Apfelbäumen schon seit Jahrtausenden läuft, ist die rote Herbstfärbung bei vielen Kultursorten verschwunden.

Um den Zusammenhang zu untermauern, prüfte Archetti die Überlebensraten von Blattläusen im Frühling. Bei Apfelbäumen mit grünen Herbstblättern lag sie bei 61 Prozent, bei höherer Gelbfärbung ging sie auf 55 Prozent, um bei Exemplaren mit rötlicher Herbstfärbung auf 29 Prozent zu sinken.

Wenn Rotfärbung also eine gute Abwehrstrategie ist, warum machen das dann nicht alle Apfelbäume? Neben der kulturellen Züchtung auf andere Merkmale gibt es laut Archetti eine weitere Erklärung: Es ist die Empfindlichkeit für Krankheiten wie den gefürchteten Feuerbrand, der ebenfalls von Blattläusen übertragen wird. Besonders anfällige Sorten müssten sich entsprechend stark gegen die Überträger der Krankheit wehren können, während robuste Sorten Blattlausbefall eher tolerieren könnten. Genau das zeigte sich bei Archettis Untersuchungen in der Praxis an Apfelbäumen in Nordamerika: Unter den krankheitsempfindlichen Kultursorten sind exakt diejenigen, die sich trotz Züchtung noch rot färben.[26]

Zurück zum Oktober 2020: Nach einem langen, harten Sommer war in vielen Gegenden Deutschlands eine Rotverfärbung an den Bäumen kaum festzustellen. Kirschen, Apfelbäume oder auch Sträucher wie die wilden Schlehen wechselten zwar von Grün zu Gelb, kamen dann aber über ein schwaches Orange selten hinaus. Wenn man weiß, dass die Bildung der roten Farbstoffe ein aktiver, anstrengender Prozess ist, dann wundert das nicht mehr. Die Abwehr von Blattlausangriffen ist sehr wichtig, um fit durch das kommende Frühjahr zu kommen. Doch zunächst steht ein langer Winter an, für den die eingelagerten Nährstoffe reichen müssen.

Die Laubbäume waren in der gleichen Situation wie ein Grizzly, der vor dem Winterschlaf zu wenig Lachse gefangen hat und dessen Speckschicht deshalb für den Winterschlaf zu dünn ist. Wer Angst hat, den nächsten Winter nicht zu überstehen, der kann im Herbst nicht von den wenigen gespeicherten Kalorien noch etliche in einen Farbwechsel investieren. Die Abwehr der Blattläuse ist ja ein Problem, das man als Baum erst dann hat, wenn die neuen Blätter austreiben. Und wer austreibt, der produziert schon vom ersten Augenblick an Zucker. Selbst wenn dann gleich ungebetene Gäste davon etwas abzapfen, steigen die Überlebenschancen doch mit jedem weiteren Tag.

Auf das umgekehrte Phänomen, also eine vorzeitige Sättigung der Bäume mit Zucker, weist eine neue Studie aus der Schweiz hin. Forschende der ETH Zürich zeigten, dass Laubbäume durch den Klimawandel ihr Verhalten ändern – sie werfen die Blätter früher ab. Bisher hatte die Wissenschaft erwartet, dass sich durch den Klimawandel und die milden herbstlichen Wetterlagen der Laubfall um zwei bis drei Wochen verspäten würde. Offenbar ist das Gegenteil der Fall, wie das Team um Deborah Zani herausfand: Sie prognostiziert, dass die Bäume ihre bunte Pracht in den nächsten Jahrzehnten um drei bis sechs Tage früher abwerfen werden. Ursache sei der durch die Klimaerwärmung um zwei Wochen vorverlegte Austrieb im Frühjahr, der die Blätter entsprechend früher altern lasse.

Altern? Das glaube ich eher nicht, denn gerade nach trockenen Sommern lassen viele Bäume ihr Laub ganz besonders lange am Baum, wie ich es selbst am Nordhang beobachtet hatte. Kein Wunder, kann doch in Zeiten der Wasserknappheit kein Zucker gebildet werden, sodass die Bäume im Oktober noch hungrig sind. Erst gegen Ende des Monats, oft sogar erst Anfang November werden dann die Sonnensegel abgestoßen. Blätter sollten also ohne Probleme ein paar Extrawochen in voller Funktionsfähigkeit aushalten.

Ein anderer Hinweis dieser Forschung kommt meiner Meinung nach der Sache schon näher: Zani und ihr Team weisen auf eine limitierte CO_2-Aufnahme hin, die in einer Begrenzung von Bodennährstoffen liege.[27] Ich würde es anders ausdrücken: Wenn der Baum im Frühjahr zwei Wochen früher als üblich loslegt, dann erscheint es nur logisch, dass er am Ende der Saison auch früher aufhört, sich mit Nahrung zu versorgen. Der Zucker muss schließlich im Speichergewebe eingelagert werden, und das ist irgendwann voll. Bäume können ja nicht wie wir eine Fettschicht anlegen, die sich bei Bedarf einfach nach außen ausdehnt. Wenn sie pappsatt sind, dann wird es Zeit, die Nahrungsaufnahme einzustellen. Dazu könnten sie zwar einfach die Spaltöffnungen auf der Unterseite der Blätter schließen, doch wozu sollten sie jetzt noch mit dem Winterschlaf warten? Also wird der ganze Segen einfach ein paar Tage früher als üblich abgeworfen – zumindest dann, wenn es im Sommer keine Dürre gibt.

Apropos abwerfen: Als ich im August 2020, mitten in der großen Hitzewelle, durch eines unserer alten Buchenreservate stapfte, fiel mir eine weitere Veränderung auf: Aus dem letzten Herbst lagen noch dicke Schichten alten Laubs auf dem Boden. Vorher hatte ich mich nicht so intensiv mit dieser Thematik beschäftigt, doch mit den zunehmend austrocknenden Böden machte ich regelmäßig einen kleinen Test, um zu sehen, wie lange die Bodenfeuchtigkeit wohl noch reichen würde. Diesen Test können Sie übrigens zu Hause im Garten oder im Wald selbst einmal machen: Schieben Sie den Humus beiseite und nehmen mit Daumen und Zeigefinger ein bisschen Erde auf. Wenn Sie diese zu einem Plättchen zusammendrücken können, dann ist noch genügend Feuchtigkeit im Boden. Bröselt die Erde jedoch zwischen den Fingern auseinander, dann ist es für die Wurzeln schon zu trocken.

Ich wunderte mich kurz, weshalb so viel altes Herbstlaub unverrottet auf dem Boden lag, dann dachte ich an einen Komposthaufen. Der zersetzt sich auch nur, wenn es im Inneren feucht genug ist. Logisch – ohne Wasser können Pilze und Bakterien nicht arbeiten. Nicht umsonst gilt das Trocknen von Lebensmitteln als eine der ältesten Methoden der Welt, sie haltbar zu machen. Genau das war mit dem alten Laub durch die lang anhaltende Trockenheit passiert. Das hat für die Bäume Vor- und Nachteile. Während der Dürreperiode bremst eine dicke Laubschicht das Austrocknen des Bodens, doch bei Regenfällen verhindert sie leider auch, dass kleinere Schauer das Erdreich erreichen. Die Tropfen befeuchten zunächst das Laub, und erst, wenn alles durchnässt ist, rinnt weiteres Wasser in den Boden.

Im Winterhalbjahr zählt aber nicht nur die Summe der Niederschläge. Für die Bäume ist es sehr wichtig, dass es zwischendurch auch richtig kalt wird. Ansonsten kommen sie im Frühjahr mit dem Laubaustrieb durcheinander, was in dieser Zeit, in der der Hunger für Buchen und Eichen am größten ist, für die Bäume eine zusätzliche Belastung darstellt.

Frühaufsteher und Langschläfer

Wie viele Menschen haben das schon gemacht: Eine Eichel oder Buchecker, von einem herbstlichen Waldspaziergang mitgebracht, wurde in einem Topf auf der Fensterbank zu einem Sämling herangezogen. Doch dieser lebt im Wohnzimmer nicht allzu lange, denn ihm fehlt der Winter. Bäume müssen in der kalten Jahreszeit ruhen, so wie viele Tiere das ebenfalls tun. Um überhaupt einschlafen zu können, brauchen sie kürzere Tage und einen Kältereiz, ansonsten geht der Winterschlaf in den vorzeitigen Tod über. Eingetopfte Sämlinge können also auf Dauer nur draußen überleben.

Doch auch dort, in freier Wildbahn, wird es zunehmend wärmer. Der Winter setzt immer später ein und endet immer früher. Klingt es da nicht logisch, dass der Schlaf der Bäume sich laufend verkürzt? Schließlich haben wir oft schon im April beinahe sommerliches Wetter. Im berühmten Lied »Der Mai ist gekommen, die Bäume schlagen aus« müsste also der Monat abgeändert werden: Das zarte Grün sich entfaltender Blätter taucht nun schon Wochen vorher an den Zweigen auf. Nimmt man den wärmeren Herbst dazu, so hat sich die Ruhezeit für Pflanzen in den letzten Jahrzehnten nach Angaben des Deutschen Wetterdienstes um zwei Wochen verkürzt.[28]

Ein Vorteil für Bäume ist das allerdings nicht, wie man zunächst vermuten könnte. Zwar können sie ihren Hunger nun früher stillen, weil sie schon im April kräftig Fotosynthese betreiben können. Doch es lauert in dieser Jahreszeit noch eine Wettergefahr, die sich durch den Klimawandel kaum geändert hat: die Spätfröste. Es kommt regelmäßig vor, dass das Thermometer in klaren Nächten bis Mitte Mai kräftig in den Minusbereich rutscht, wie zuletzt 2020. Dann erfriert ein Großteil der frisch gebildeten Blätter, was für die Bäume ein herber gesundheitlicher Rückschlag ist. Schließlich müssen sie nun die letzten Reserven mobilisieren, um noch einmal auszutreiben. Werden sie in dieser Zeit krank, so steht kaum noch Kraft zur Abwehr von Pilzen oder Bakterien zur Verfügung.

Je milder der Winter, desto größer wird diese Gefahr des verfrühten Austreibens. Manch ein Januar war schon so warm, dass die Kraniche aus Spanien zurückgekehrt sind. Dann kam der Winter erst im Februar mit voller Wucht, was dazu führte, dass diese Vögel doch wieder nach Süden zogen. Ein solches Hin und Her ist den standfesten Bäumen natürlich nicht möglich. Also heißt es für sie: geduldig sein und abwarten. Buchen verlassen sich dabei nicht nur auf die Temperatur, sie warten zusätzlich ab, bis die zunehmende Tageslänge im Frühjahr mindestens 13 Stunden erreicht. Erst dann wagen sie es, frische Blätter zu bilden. Die Angst vor möglichen Spätfrösten ist anscheinend größer als der Hunger, der Bäume nach dem Winterschlaf plagt. Diese Tageslänge ist in Deutschland durchschnittlich am 23. April erreicht[29] – achten Sie bei Ihren Waldspaziergängen im Frühling einmal darauf, ob sich die Buchen in den Wäldern vor Ihrer Haustüre an diesen Terminplan halten.

Aber zurück zur erforderlichen Kälte. Ohne einen entsprechenden Reiz wissen die heimischen Bäume nicht, dass zwischen Herbst und Frühling wirklich Winter war, dass tatsächlich schon wieder ein halbes Jahr vergangen ist. Vielleicht ist das bei Bäumen so ähnlich wie bei uns: Wir können beim Aufwachen im Dunkeln ohne einen Blick auf die Uhr auch nicht sagen, wie spät es ist und ob wir uns noch einmal umdrehen können.

Bei Buche und Ahorn muss die Temperatur weniger als 4° C betragen, damit sich die Knospen später im Frühjahr korrekt öffnen. Fehlt dieser Reiz, dann kommen die Bäume nicht richtig aus dem Winterschlaf – sie warten quasi, dass der Winter doch noch kommt. Im Extremfall kann es passieren, dass sich die Knospen mancher Zweige gar nicht öffnen.[30] Warme Winter können also entgegen der landläufigen Annahme, sie würden zu einem verfrühten Austrieb führen, genau das Gegenteil bewirken.

Winterkälte können Bäume nicht beeinflussen, aber bei den Sommertemperaturen sieht das schon ganz anders aus. Flirrende Hitze, gepaart mit lang anhaltender Trockenheit, ist nichts, wonach sich Buchen, Eichen und Co. sehnen. Ihnen steht auch in der warmen Jahreszeit der Sinn nach niedrigen Temperaturen. Hier und da etwas Sonne, ansonsten aber viel Regen und keinesfalls über 25° C, so sieht ein Traumsommer für einen Baum aus. Und während wir Menschen schon allein mit einer brauchbaren Wettervorhersage kämpfen (zumindest für mehr als drei Tage im Voraus), drehen die Bäume den Spieß einfach um: Wozu braucht man eine Wettervorhersage, wenn man das lokale Wetter einfach selber machen kann! Allein geht das allerdings nicht; dazu muss die große Gemeinschaft aller Bäume eines Waldes zusammenarbeiten. Wie das funktioniert, das habe ich in den »Heiligen Hallen« erfahren, denn dort traf ich einen Experten, der diese Zusammenarbeit erforscht.

Klimaanlage Wald

Meinen größten Aha-Moment zum Thema Bäume und Klimawandel hatte ich während der Dreharbeiten zum Kinofilm »Das geheime Leben der Bäume«: Das Filmteam und ich trafen Professor Pierre Ibisch von der Hochschule Eberswalde – ein sympathischer Mann, den ich bereits in meinem Revier in der Eifel kennen- und schätzen gelernt hatte – in den Heiligen Hallen. Bei diesen Hallen handelt es sich nicht etwa um ein Gebäude, sondern um einen der ältesten Buchenwälder Deutschlands. Etliche Exemplare darin sind schon über 300 Jahre alt, und von wenigen Eingriffen abgesehen, werden hier seit rund 150 Jahren keine Bäume mehr gefällt. Beim Betreten umfängt die Besucher eine Urwaldatmosphäre, wie sie sonst in Mitteleuropa kaum noch existiert. Umgestürzte Riesen vermodern und entlassen einen pilzig-aromatischen Duft in die Luft, und im dämmrigen Licht wachsen junge Laubbäume mit unendlicher Langsamkeit in großer Zahl empor. So ähnlich muss einmal ganz Mittel- und Westeuropa ausgesehen haben!

Pierre Ibisch wanderte mit mir und dem Kamerateam durch das Reservat, und überall konnten wir kleine Wunder bestaunen. So etwa die abgebrochene Riesenbuche, von der nur ein dünner Span mit Rinde stehen geblieben war. Aus diesem rund vier Meter hohen Zahnstocher war eine neue, zarte Krone ausgetrieben, die mit ihren Blättern und dem darin gebildeten Zucker den alten Baum und vor allem die alten Wurzeln noch immer am Leben hielt.

Oder der fast vollständig vermoderte Stamm, der nur noch wie ein länglicher Erdhügel aussah: Obwohl es draußen in der

Feldflur staubtrocken war, es schon wochenlang nicht mehr geregnet hatte, fühlte sich seine Oberfläche richtig feucht an. Pierre Ibisch hieß mich herzhaft hineinzugreifen. Die bröckelige Substanz war wie ein Schwamm, und als ich meine Hand zusammenpresste, lief Wasser aus dem Moderholz heraus. Dieser alte kleine Buchenwald strotzte nur so vor Feuchtigkeit, ein kleines Wunder angesichts des vorangegangenen trockenen Winters.

Der besagte Aha-Moment fand jedoch schon beim ersten Fachgespräch am Eingang des Reservats statt. Er wurde ausgelöst von den Karten, die Pierre Ibisch vor meinen Augen auf einem Holztisch entrollte. Darauf waren verschiedene Ausschnitte der Landschaft vor den Toren Berlins zu sehen. Auf einer erschienen Wiesen, Äcker, Wälder, Seen sowie Siedlungen jeweils unterschiedlich eingefärbt wie üblich für topografische Karten, auf der anderen war die gleiche Landschaft bunt in allen Farben des Regenbogens dargestellt. Pierre Ibisch erklärte mir, Letztere sei eine Temperaturkarte, wobei die Farbverläufe von Blau über Grün, Gelb, Orange und Rot an das Übliche angelehnt seien, also von Blau/kalt nach Rot/heiß.

Diese Karte war mithilfe von Satellitenmessungen über einen Zeitraum von 15 Jahren zustande gekommen. Untersucht wurden jeweils die Sommermonate Juni, Juli und August, und zwar an wolkenlosen Tagen, damit der Satellit freie Sicht zum Boden hatte. Insgesamt konnten so an 470 Tagen Daten gewonnen werden.

Immer, wenn der Himmelsspäher gegen 12:00 Uhr mittags über Berlin flog, wurde die Oberflächentemperatur gemessen. Diese Messungen endeten im Jahr 2017, also vor den Rekordsommern mit noch höheren Temperaturen. Dennoch ist das Ergebnis elektrisierend. Denn die Karten zeigten, dass die Hitzewellen nicht nur durch den Klimawandel verursacht werden, sondern ganz maßgeblich durch die Zerstörung natürlicher

Wälder und den Wandel der Landschaft hin zu Forstplantagen, Ackerland und Siedlungen.

Das Ergebnis auf der Karte zeigte Berlin in einem tiefen Rot, während die umliegenden Seen satt blau gefärbt waren. Kein Wunder, lag doch die Durchschnittstemperatur während der Sommermonate mittags in Berlin über 15 Jahre betrachtet bei rund 33° C, während die Wasserflächen teils nicht einmal 19° C überschritten. Das klingt trivial, heizen sich doch Asphalt und Beton leichter und vor allem schneller auf als große Gewässer. Die Unterschiede zwischen Stadt und Land waren allerdings nicht das Hauptziel der Messreihen. Viel interessanter war, wie sich die umliegenden Wälder während der Sommermonate verhielten. Wegen ihrer Farbe waren manche auf der Thermokarte auf den ersten Blick kaum von den Seen zu unterscheiden. Diese kühlen Flecken waren alte Laubwälder, und das Ergebnis der Untersuchung muss man sich noch einmal vor Augen halten: Buchen und Eichen können sich wie Gewässer verhalten! Sie kühlen die Landschaft so herunter, dass die Temperaturdifferenz einer Stadt wie Berlin zu altem Wald bei rund 15° C liegt.

In der Feldflur mit ihren Wiesen und Äckern ist es immerhin noch bis zu 10° C wärmer, doch die größte Überraschung waren für mich die Kiefernplantagen. Die tristen Monokulturen bewiesen bei diesen Untersuchungen, dass sie echten Wald keinesfalls ersetzen können. Ihre Temperatur lag im Vergleich zu den alten Laubwäldern um bis zu 8° C höher. Hinzu kommt, dass diese Nadelbäume mehr Niederschlag in ihren Kronen zurückhalten und der Boden darunter wesentlich trockener ist.

Wie sehr sich selbst kleine Restwälder noch um ihr Lokalklima verdient machen können, zeigt der Hambacher Wald. Er ist einer der bekanntesten Wälder Deutschlands, weil er zum Symbol der Energiewende geworden ist. Braunkohlebagger des benachbarten Tagebaus haben sich bis auf wenige Meter herangefressen, und sein Ende schien besiegelt. Von einstmals rund 40 Quadratkilometern Baumbestand waren nur noch zwei Quadratkilometer übrig. Die Rodung des letzten kümmerlichen Rests wurde durch Proteste von Umweltbewegungen und Aktivisten nach einer einstweiligen Verfügung des Oberverwaltungsgerichts Münster[31] schlussendlich per Vereinbarung zwischen Bundesregierung und Bundesländern gestoppt.

Doch ist der Wald überhaupt noch zu retten? Zu seinen Füßen gähnt die riesige, über 300 Meter tiefe Abbaufläche. Hier steigen im Sommer heiße Winde auf und lassen einen gewaltigen Sog entstehen. Dieser entzieht dem Laubwald die von den alten Bäumen mühsam erzeugte kühle, feuchte Luft. Stürme, die ungehindert über die Grube fegen, reißen immer wieder Randbäume um und verkleinern dadurch schleichend die Waldfläche. Wälder im Umfeld, die das Lokalklima etwas baumfreundlicher beeinflussen können, gibt es kaum: Der Hambacher Wald liegt in einer Agrarwüste, die sich fast ähnlich wie der Tagebau an heißen Sommertagen aufheizt.

Hat der alte Wald also überhaupt noch eine Chance? Um diese Frage zu beantworten, beauftragte *Greenpeace* ein Team um Professor Pierre Ibisch mit einer Studie zum Lokalklima.[32] Das Prinzip der Untersuchungen kennen Sie schon: Per Satellit wurden die Temperaturen verschiedener Landoberflächen ermittelt und in Karten farbig dargestellt. Zusätzlich fanden weitere ökologische Untersuchungen statt. Das Ergebnis: Im extrem heißen Sommer 2018 betrug der Temperaturunterschied Wald/Grube bis zu 20° C! Dass ein solch kleiner, aber halbwegs intakter Wald noch eine derartige Kraftanstrengung der Kühlung vollbringt, nötigt schon wirklich großen Respekt ab.

Leider ist die Zukunft der alten Bäume trotzdem nicht besonders rosig. Noch fressen sich die Bagger immer näher, und an den Rändern sterben die Bäume in der Hitze. Der Kühleffekt wird an den Waldrändern wie durch einen gigantischen Föhn weggeblasen. Und gleichzeitig werden große Mengen an Feuchtigkeit abgeführt, oder, um im Bild zu bleiben: Der Hambacher Wald wird ständig trocken geföhnt.

Das Drama wird noch deutlicher, wenn wir uns vor Augen führen, dass eine ausgewachsene Buche bis zu 500 Liter Wasser pro Tag über ihre Blätter in die Luft entlässt, Wasser, das der Boden wegen des Braunkohleabbaus kaum noch zur Verfügung stellen kann. Denn wie zum Hohn wird der Tagebau von riesigen Pumpen trockengelegt, weil die Talsohle deutlich unter den Grundwasservorkommen liegt, die das Megaloch ansonsten fluten würden.

Die Experten empfehlen daher, zur Rettung des alten Waldes eine Art Puffer um den Hambacher Forst zu pflanzen. Die jungen Bäume könnten die Hitze aus dem Umland zumindest ein wenig dämpfen und die Luft befeuchten, sodass der Altwald weniger Stress erleiden würde.

Auch für uns Menschen wären solche Puffer um unsere Siedlungen herum ein Segen, wie Aufnahmen von *Greenpeace* zeigen.[33] Die Umweltschützer nahmen mithilfe einer Wärmebildkamera Bilder von Köln auf, einer Großstadt, die eine Fahrstunde von unserem Forsthaus entfernt in der rheinischen Tiefebene liegt. Auch hier ein ähnliches Ergebnis wie in Berlin und im Hambacher Wald. In der Sommerhitze glühen Gebäude und Asphalt in roten Farbtönen. Die Bäume der Stadtparks hingegen wirken mit ihrem Tiefblau wie Seen, und das bestätigt auch die Temperatur. Sie sinkt bei den grünen Riesen um bis zu 20° C ab! Das ist ein starkes Argument für mehr Stadtgrün.

Neben der Kühlung macht uns der Wald aber noch ein weiteres Geschenk: Er sorgt für mehr Regen, wie wir gleich im Kapitel über die Luftflüsse sehen werden. Zuvor gibt es aber einen kleinen Hoffnungsschimmer der Einsicht staatlicher Forstverwaltungen, die ja grundsätzlich an diesem Kühlschrank der Natur herumsägen. So verkündete Ulrike Höfken, damals Umweltministerin von Rheinland-Pfalz, einen vorläufigen Einschlagstopp in alten Buchenwäldern bis Ende 2021.[34]

Wenn in China Regen fällt

Wälder formen nicht nur das lokale Klima, sondern sogar das ganzer Kontinente. Dabei spielt Wasser eine große Rolle, wie schon der Kühleffekt durch Verdunstung zeigt. Doch auch fließendes Wasser wird maßgeblich von Bäumen beeinflusst.

Zunächst einmal reduzieren sie die Menge, die durch die Bodenschichten das Grundwasser erreicht. Ein Teil bleibt in ihrer Krone hängen, und ein weiterer großer Teil wird zur Biomasseproduktion und zur Verdunstungskühlung verbraucht. Je nach Baumart summiert sich das auf bis zu 700 Liter pro Jahr und Quadratmeter.[35] Zum Vergleich: Um Magdeburg, einer der trockensten Gegenden Deutschlands, regnet es pro Jahr nur knapp 500 Liter/Quadratmeter. Hier kann sich Wald nur halten, wenn die Bäume ihren Wasserverbrauch drosseln, indem sie weniger trinken und dadurch langsamer wachsen als andernorts.

Sind Wälder also Wasservernichter, die Landschaften austrocknen? Mitnichten, denn das verdunstende Wasser verschwindet ja nicht einfach. Es wird gewissermaßen recycelt und fließt in andere Gebiete, und zwar durch die Luft. Diese Luftflüsse enthalten Wasser in Dampfform, also wesentlich stärker verdünnt als in einem normalen Fluss, aber es fließt. Das zeigen Studien russischer Wissenschaftler. Sie untersuchten, woher der Regen stammt, der in China fällt. Das klingt zunächst nach einer merkwürdigen Fragestellung, denn grundsätzlich ist es so, dass Niederschläge aus dem nächstgelegenen Ozean stammen. Dort steigt Wasserdampf auf, bildet Wolken, die mithilfe von Wind in die Kontinente hereinwehen. Dort regnen sie sich über dem Land ab, und das Wasser fließt, der Schwerkraft folgend, über die Flüsse zum Meer zurück – fertig ist der Kreislauf. Wichtig für das pflanzliche Leben an Land ist daher, dass immer mindestens so viel Nachschub aus der Luft kommt, wie über die Rückflüsse zum Meer und die Verdunstung verloren gehen (ansonsten vertrocknet alles, und es entsteht eine Wüste).

Dass das nicht überall selbstverständlich ist, entdeckten die russischen Forscher Anastassia Makarieva und Victor Gorshkov.[36] Normalerweise, so die Forscher, nimmt der Niederschlag exponentiell mit der Entfernung zum Meer ab. Bereits in wenigen Hundert Kilometer Entfernung haben sich die Wolken ausgeregnet, versiegt der Niederschlag, und damit ist pflanzliches Leben nicht mehr möglich. Zumindest dann nicht, wenn kein Wald vorhanden ist. Mit großen Wäldern sieht die Sache allerdings ganz anders aus. Sie saugen die feuchte Luft geradezu in die Kontinente hinein, so stark, dass das Forscherteam von einer regelrechten biologischen Pumpe spricht. Selbst Tausende Kilometer vom Meer entfernt ist über großen Naturwäldern keine Abnahme der Niederschläge festzustellen.

Wie das funktioniert, stellen sich die beiden folgendermaßen vor: Wälder verdunsten ungeheure Mengen an Wasser über ihre Blätter. Pro Quadratmeter Wald sind es in den Etagen der Baumkronen bis zu 27 Quadratmeter Blattfläche, aus deren unzähligen winzigen Mündern die Bäume Feuchtigkeit ausatmen. Eine alte Buche etwa schafft an einem heißen Sommertag bis zu 500 Liter,[37] die den Wald kühlen und als Dampf in die Atmosphäre entweichen. Die intensive Verdunstungstätigkeit großer Waldgebiete führt zu aufsteigenden Luftmassen, die ein lokales Tiefdruckgebiet erzeugen. Ein Tiefdruckgebiet hat einen geringeren Druck als die Umgebung, weshalb Luft in dieses Gebiet nachströmt. Man könnte auch sagen: Die Wälder saugen frische Luft von den Ozeanen an, und das über weite

Entfernungen. Diese feuchte Meeresluft steigt dann ebenfalls über den Wäldern auf, wird kühler und regnet ihr Nass über den Bäumen ab. In Summe ist dies, so die Wissenschaftler, mehr als das, was die Bäume durch die ausgeatmete Feuchtigkeit verlieren.

Der Wasserverbrauch von Bäumen kann also dazu führen, dass sie unterm Strich mehr Wasser zur Verfügung haben. Den Gegenbeweis treten die sibirischen Wälder an. Eine aktive Verdunstung von Wasser aus den Baumkronen kann ja nur im Sommer zu beobachten sein. Im Winter, wenn alles tief gefroren ist und die Bäume schlafen, sollte die Wasserpumpe des Waldes zum Erliegen kommen. Und genau dies sei zu beobachten, so das Forscherteam.[38]

Werden die Wälder hingegen abgeholzt und beispielsweise durch Gras- oder Agrarlandschaften ersetzt, können die Regenfälle um bis zu 90 Prozent zurückgehen. Die Theorie klingt einleuchtend und lässt sich auch in der Praxis beobachten. So treten am Amazonas seit der Jahrtausendwende immer häufiger Dürren auf. Das passt zum Verschwinden der Küstenregenwälder und der fortschreitenden Abholzung und damit der Verkleinerung des Regenwaldes insgesamt, oder anders ausgedrückt: Wenn man die Pumpe in Meeresnähe zerstört, braucht man sich nicht zu wundern, wenn im Hinterland nichts mehr ankommt. Auch die Beobachtungen aus Deutschland über den Kühleffekt und die Zunahme der Regenmengen über alten Wäldern stützen diese These.

Doch es gibt noch andere starke Belege für die Pumpwirkung der Wälder. Ein Team um Ruud van der Ent von der Technischen Universität Delft in den Niederlanden untersuchte das Recycling von Wasser im Naturkreislauf.[39] Dabei stolperten die Forscher über eine simple Tatsache: Wasser, das in die Luft verdunstet, muss irgendwann auch wieder als Regen herunterfallen. Was logisch klingt, wird nach Ansicht des Teams bei

Forschungen von Hydrologen aber kaum berücksichtigt. In der Fachwelt ist verdunstetes Wasser für das System verloren, und neuer Niederschlag kommt einfach von außen hinzu. Dass Wasser aber in Ökosystemen großräumig weitergereicht wird, klingt nicht nur logisch, sondern ist für das Verständnis der Funktion unserer grünen Lungen extrem wichtig. Es findet ein gigantisches Recycling statt, das wesentlich besser funktioniert als beim Rohstoffverbrauch in unserer Gesellschaft: Die Feuchtigkeit wird durch mehrfache Verdunstung und entsprechenden Niederschlag von der Vegetation bis zu zehnfach wiederverwendet – allerdings nur, solange Wälder nicht einfach großflächig abgeholzt werden.

Kombiniert man die Forschungen der russischen und niederländischen Wissenschaftler, so wird klar, dass Wälder eine bisher vollkommen unterschätzte Bedeutung für den Wasserhaushalt unseres Planeten haben. Sie beeinflussen nicht nur Windsysteme (durch die Erzeugung von Tiefdruckgebieten), die Wolken vom Meer in die Kontinente führen, sondern reichern die Luft auch immer wieder mit Feuchtigkeit an. Bisher räumen viele Förster Bäumen im Zusammenhang mit dem Klimawandel hauptsächlich die Rolle eines biologischen CO_2-Speichers ein, in lebender, besser noch in toter Form. Jeder Stamm, der in einem Haus oder Möbelstück verbaut wird, gilt als ein Erfolg für den Umweltschutz. Schließlich kann der Kohlenstoff des Holzes nun nicht mehr wie bei abgestorbenen Bäumen in der Natur durch Bakterien und Pilze freigesetzt werden. Das atmende Wesen Wald wird dadurch zum CO_2-Tresor herabgestuft, seine Wirkung im globalen Wasser- und Temperaturhaushalt bis heute ausgeblendet. Würde man die Leistung der Bäume für unser Klima vollständig würdigen, dann wäre klar, dass Waldschutz vor Holznutzung stehen und der Verbrauch von Brettern und Papier stark eingeschränkt werden müsste.

Wasser ist einer der Schlüsselfaktoren für menschliches Leben. In trocken-heißen Regionen entbrennen regelmäßig Konflikte um Flüsse, die durch mehrere Staaten fließen, wie etwa der Nil. Ohne sein Wasser wäre Ägypten verloren, beziehen die Menschen dort doch immerhin 95 Prozent ihres Frischwassers aus dem gigantischen Fluss. Zudem wäre Landwirtschaft im fruchtbaren Tal ohne den Nil kaum vorstellbar. Äthiopien, am Oberlauf gelegen, hat nun einen Staudamm gebaut, um Strom zu erzeugen. Dazu muss das riesige Staubecken über Jahre gefüllt werden, mit Wasser, das in diesem Zeitraum in Ägypten und dem Sudan, der die gleichen Probleme hat, fehlt. Ein drohender Krieg konnte bisher durch internationale Vermittlung noch verhindert werden.[40]

Wenn der Menschheit bewusst wird, wie wichtig die durch Wälder gesteuerten Luftflüsse sind, dann sind eines Tages auch hierzu Konflikte vorstellbar. Die Sache hat nur einen Haken: Staudämme kann man öffnen, um den unteren Flussanrainern wieder mehr Wasser zu gewähren. Bei Wäldern kann man einen einmal durch große Kahlschläge verlorenen Luftfluss nicht so leicht wieder in Gang bringen. Selbst wenn man die entwaldete Gegend wieder aufforstet, so dauert es doch Jahrzehnte, bis der neue Wald ganz allmählich wieder seine ehemalige Funktion zurückerlangt. Einen Großversuch dieser Art können wir aktuell in Brasilien beobachten. Dort hat die Wiederaufforstung der Küstenregenwälder zwar schon begonnen, allerdings nur auf Teilflächen. Wie lange der Prozess der Regeneration selbst in tropischen Regionen dauert, wo Bäume besonders schnell wachsen, und ob die Pumpe jemals wieder richtig in Gang kommt, bleibt abzuwarten.

Ich wünsche mir, dass dieser zweiten Entdeckung der Wirkung von Wäldern auf Temperatur und Wasserkreisläufe diesmal stärkere Beachtung geschenkt wird. Denn schon Alexander von Humboldt, der berühmte Forschungsreisende, hatte die

Wichtigkeit dieser Zusammenhänge im Jahre 1831 ausführlich beschrieben. »Die Seltenheit oder der Mangel der Wälder vermehrt zugleich die Temperatur und die Trockenheit der Luft, und diese Trockenheit übt, indem sie die ausdünstenden Wasserabläufe und die Kraft der Rasenvegetation vermindert, eine Rückwirkung auf das Lokalklima«, so von Humboldt in seinen *Fragmenten einer Geologie und Klimatologie Asiens.*[41]

Ist es eigentlich Zufall, dass Bäume gemeinsam für Kühlung sorgen und sogar eigenen Regen machen? Immerhin bilden sie seit über 300 Millionen Jahren Wälder. Wie sehr die grünen Giganten zusammenarbeiten, einander gegenseitig warnen, über die Wurzeln versorgen und sogar Erinnerungen teilen, ist bekannt. Daher glaube ich, dass es hier einer riesigen Gemeinschaft großer Pflanzen gelungen ist, aus der Passivität herauszutreten und das Wetter zumindest teilweise in die eigenen Hände – oder besser: Blätter – zu nehmen. Es ist dabei kein Widerspruch, dass aktuell so viele Bäume in den heißen Sommern ums Leben kommen, ganz im Gegenteil: Dieses Waldsterben zeigt nur, was passiert, wenn wir Menschen diese perfekt eingestellte Gemeinschaft stören, indem wir sie durch Forstwirtschaft so zerstückeln, auflichten und durch ungeeignete Baumarten umformen, dass die global gesehen winzigen Restwälder nicht mehr richtig funktionieren. Wie wir diese Entwicklung wieder rückgängig machen können (und das funktioniert!), erzähle ich Ihnen im weiteren Verlauf unseres Waldspaziergangs.

Wenn Gemeinschaften großer Pflanzen in Bezug auf das lokale Klima zusammenarbeiten, liegt es dann nicht nahe, dass sie auch in anderer Hinsicht aufeinander Rücksicht nehmen? Dazu gibt es neue spannende Forschungsergebnisse, die ich gerne mit Ihnen teilen möchte.

Rücksicht nehmen, Abstand halten

Der Begriff »Mutterbaum« stammt aus der Forstwirtschaft. Es war wohl schon vor Jahrhunderten offensichtlich, dass Baumeltern für ihren Nachwuchs eine so wichtige Rolle spielen, dass sie mit der menschlicher Eltern vergleichbar ist. Aus meinem ersten Buch dieser Reihe ist Ihnen vielleicht noch in Erinnerung, dass ein Mutterbaum unterirdisch über seine Wurzeln erkennt, welches seine Sämlinge sind. Diese unterstützt er dann über zarte Verbindungen mit Zuckerlösung, ein Vorgang, der unserem Stillen sehr ähnelt. Auch der Schattenwurf der Eltern ist eine Fürsorgemaßnahme, denn er bändigt das Wachstum der unter ihren Kronen lebenden Jungspunde. Im vollen Sonnenlicht würden sie sonst so schnell emporschießen und dicke Stämme bilden, dass sie sich innerhalb von ein bis zwei Jahrhunderten verausgabt hätten. Dauert die Jugend im Schatten dagegen Jahrzehnte oder gar Jahrhunderte, kann der Baum sehr alt werden. Schatten bedeutet weniger Sonnenlicht und damit deutlich weniger Zucker. Diese vom Mutterbaum mit sanftem Zwang herbeigeführte Langsamkeit ist kein Zufall, wie schon Generationen von Förstern beobachteten. Sie sprechen daher bis heute vom »erzieherischen Schatten«, also von einem Schattenwurf mit Intention.

Auch später im Leben helfen sich die erwachsenen Bäume untereinander, indem sie sich über die Wurzeln Zuckerlösung hin- und herpumpen. So können schwache und kranke Exemplare schwere Zeiten überstehen und irgendwann wieder gesunden. Sie tragen dann wieder zum kühlen Waldklima bei, welches allen Bäumen gleichermaßen zugutekommt. Gerade in

Zeiten des Klimawandels ist es also wichtig, diese Waldgemeinschaften ungestört zu lassen. Das gilt auch für vermeintlich absterbende Bäume (die oft genug nur krank sind).

Möglicherweise geht die Hilfe, die Bäume sich gegenseitig leisten, aber noch über das Genannte hinaus. Studierende der Universität Aachen hatten in meinem Revier herausgefunden, dass Bäume in ungestörten alten Buchenwäldern kaum Leistungsunterschiede zeigen. In Bezug auf die Fotosynthese scheinen sie sich so auszugleichen, dass es weder Schwache noch Starke gibt. In genutzten alten Buchenwäldern dagegen, in denen viele Stämme gefällt werden, scheinen sich die verbleibenden Exemplare zu Egoisten zu entwickeln. Hier findet man starke und schwache Bäume, deren Fotosynthesefähigkeiten stark voneinander abweichen.

Das wundert nicht, gibt es doch im Wortsinne keine Berührungspunkte mehr, weder über die Wurzeln noch über die Blätter. Egoisten helfen sich nicht gegenseitig, können es vielleicht auch gar nicht, weil die Lücken zwischen ihnen zu groß sind. Möglicherweise sind es noch nicht einmal Egoisten, sondern eher Einzelkämpfer, die notgedrungen ohne die direkte Hilfe ihrer Nachbarn zurechtkommen müssen.

Wie die Rücksichtnahme zustande kommen könnte, zeigen Untersuchungen an der Ackerschmalwand, einer typischen Laborpflanze. Sie lässt sich leicht in Petrischalen halten, hat einen kurzen Entwicklungszyklus, produziert jede Menge Samen und ist auch genetisch bestens untersucht. Zudem bleibt sie mit 30 Zentimeter Höhe relativ klein – ein schlagendes Argument gegenüber Bäumen mit über 30 Meter Höhe. Die Ackerschmalwand ist quasi die Labormaus unter den Pflanzen.[42]

Dieses Grünzeug ließen auch María A. Crepy und Jorge J. Casal, zwei Forschende aus der argentinischen Hauptstadt

Buenos Aires, in ihrem Labor wachsen. Dabei stellten sie fest, dass die Gewächse Rücksicht aufeinander nahmen, und zwar bei der Ausrichtung ihrer Blätter. Wenn Pflanzen dicht nebeneinander wachsen, werfen ihre Blätter Schatten auf die der Nachbarn. Diese können dann nur eingeschränkt Fotosynthese betreiben, sprich: Sie haben weniger zu fressen. Das schwächt Nachbarpflanzen natürlich, und im Sinne von Konkurrenz müsste das eigentlich ein Vorteil sein – schließlich kämpfen Pflanzen generell um Licht. Doch offenbar nicht um jeden Preis, wie das Forscherteam zeigte. Denn wenn die Ackerschmalwand Verwandtschaft erkennt, verhält sie sich ganz anders. Sobald der Nachbar aus der eigenen Familie stammt, werden die Blättchen rücksichtsvoll so ausgerichtet, dass dieser nicht im Schatten verhungern muss.

Klingt verrückt? Eigentlich wäre es viel verrückter, wenn das Prinzip der Rücksichtnahme auf Familienmitglieder ein rein menschliches Phänomen wäre. Das Erkennen von Verwandtschaft und die entsprechende Rücksichtnahme ist ein häufiges Phänomen in der Natur und überaus sinnvoll. Überall dort, wo das individuelle Überleben von der Stärke der Gemeinschaft abhängt, wird im Team gearbeitet. Bei Säugetieren sind das Familienverbände und Herden, bei Vögeln lebenslange Paare, etwa bei Raben, und selbst Schleimpilze, also Einzeller, kooperieren, um gemeinsam Fruchtkörper zu bilden.

Doch wie erkennt die Ackerschmalwand überhaupt, wer zur Verwandtschaft gehört? Wenn wir an die Bäume und ihre sozialen Netzwerke denken, dann liegt die Antwort auf der Hand: Es könnten die Wurzeln sein. Schließlich weiß man schon seit den 1990er-Jahren, dass sich die Giganten über die Wurzeln mit Nährstoffen versorgen, Botschaften austauschen und sogar ihre eigenen Sämlinge erkennen. Doch María A. Crepy und Jorge J. Casal erschwerten die Bedingungen für die Ackerschmalwand: Jedes Pflänzchen wurde in einen eigenen Topf gesetzt und damit von den Nachbarn isoliert. Die Töpfe wurden aber so nah aneinandergestellt, dass sich die Blätter gegenseitig beschatten konnten. Und nun wurde es spannend: Wenn die Pflanzen miteinander verwandt waren, dann richteten sie die Blätter voneinander weg. Das Forscherteam fand heraus, dass die Ackerschmalwand die Verwandtschaft an einem speziellen Anteil von roten und blauen Lichtwellen erkennt, oder anders ausgedrückt: Sie sah, wer zu ihrer Familie gehörte. Dass es wirklich an den Lichtwellen lag, testeten die beiden im Gegenversuch mit mutierten Pflanzen, denen der Lichtrezeptor für diese Wellenlänge fehlte. Und siehe da: Diese Pflanzen nahmen keine Rücksicht auf Verwandtschaft, weil sie diese offenbar nicht sehen konnten.

Besonders schnell ist die Ackerschmalwand übrigens nicht: Bis sie ihre Blätter wohltätig zur Seite drehen kann, vergehen mehrere Tage. Hat sie die Aktion beendet, haben die Nachbarn mehr Licht. Aber was für einen Vorteil soll diese Art der Rücksichtnahme der fürsorglichen Pflanze selbst verschaffen? Schließlich waren ihre Blätter vorher optimal ausgerichtet; nach der Aktion zugunsten der Verwandten beschatteten sich mehr eigene Blätter selbst. Aber da die Nachbarn dieselbe Rücksicht nahmen, kam in Summe mehr Licht auch an die unteren eigenen Blätter. Mehr Licht = mehr Energie = höhere Fitness. Pflanzen der Ackerschmalwand, die zusammen mit ihrer Familie wachsen, haben in dieser Studie einen höheren Samenertrag und sind somit insgesamt erfolgreicher.[43]

Nehmen auch Bäume mit ihren Blättern die gleiche Rücksicht auf ihre Familie wie die Ackerschmalwand? Das ist noch nicht abschließend geklärt, doch es gibt ein Phänomen, das schon seit 100 Jahren Fragen aufwirft: die sogenannte *Crown-Shyness*, also die Kronenschüchternheit. Wenn Sie an einem Sommertag in einem Laubwald hoch in die Kronen blicken, werden Sie manchmal einen schmalen Zwischenraum rings um die Zweige der einzelnen Bäume entdecken – oft weniger als 50 Zentimeter breit. Es scheint, als wage kein Baum, diesen Grenzraum mit eigenen Zweigen und Blättern auszufüllen. Ganze Wälder wirken aus der Luftperspektive häufig so, als wäre ein zartes Netz der Rücksichtnahme zwischen den Kronen gespannt.

Doch ist das wirklich Rücksichtnahme oder lediglich dem Wind geschuldet, wie viele Forscherinnen und Forscher vermuten? Ihre These: Durch Schwankungen der Krone reiben sich die äußersten Zweige an denen der Nachbarn so ab, dass sie sich schließlich nicht mehr ins Gehege kommen.[44] Mit Rücksichtnahme hätte das dann nichts mehr zu tun; es wäre ein rein mechanisches Phänomen. Gegen diese Theorie spricht die eigene Beobachtung, die Sie bei jedem Spaziergang verifizieren können. Überall kommen sich Bäume mit ihren Zweigen ins Gehege, berühren sich gegenseitig und wachsen mit ihren Ästen sogar in die Kronen der Nachbarn hinein. Wind oder gar Sturm gibt es überall, sodass der Abriebeffekt (der zweifelsfrei hier und da für einen Zweigverlust sorgt) in allen Wäldern sehr deutlich zu sehen sein müsste. Das ist er aber nicht – *Crown-Shyness* muss man schon suchen.

Falls es wirklich eine Rücksichtnahme im Sinne der Ackerschmalwand sein sollte, gibt es auch eine mögliche Ursache dafür, dass die Bäume dieses fürsorgliche Verhalten nicht überall praktizieren: Die meisten unserer Wälder wurden gepflanzt. Das Saatgut stammt aus Betrieben, die dieses für die Baumschulen aufbereiten und dabei ordentlich mischen. Werden die Bäumchen dann in den Wald gepflanzt, so ist klar, dass dort lauter Fremde nebeneinanderstehen. Nur dort, wo wilder Wald wächst, wo beispielsweise Buchenfamilien in großen Verbänden seit Jahrhunderten zusammenstehen, sollte man häufiger über die *Crown-Shyness* stolpern. Ich kenne keine Forschung dazu, werde aber bei meinem Besuch der rumänischen Buchenurwälder, der im Sommer 2021 ansteht, einmal darauf achten. Dort werde ich nicht nur die örtlichen Umweltschützer bei ihren Aktivitäten mit Presse und Rundfunk unterstützen, sondern auch die Gelegenheit haben, wirklich unberührte Wildnisgebiete zu erwandern.

Ein Team um die Biologin Roza D. Bilas zog in einem Übersichtsartikel ein schönes Fazit: Neue Daten widerlegten die Vorstellung, dass Pflanzen lediglich passive Akteure in ihrer Umwelt seien. Zudem sei es unwahrscheinlich, dass Pflanzen seit 500 Millionen Jahren überall auf der Erde gedeihen, ohne dass sie andere Pflanzen – egal ob Freund, Nachbar oder Feind – erkennen und auf sie reagieren können.[45]

Bäume leben in Beziehungen, aber nicht nur mit ihresgleichen. Gerade die Allerkleinsten unter den Lebewesen sind ein wichtiger Bestandteil der Lebensgemeinschaft Wald, auch wenn sie bisher nur wenig beachtet wurden. Zumindest wir, liebe Leserinnen und Leser, werden das jetzt ändern.

Bakterien – unterschätzte Alleskönner

Diskussionen mit Kritikern machen Spaß, und aus diesem Grund luden mein Sohn Tobias (Geschäftsführer der Waldakademie) und ich einen meiner größten Kritiker zu uns nach Wershofen ein. Schnell entflammte eine hitzige Diskussion, die schließlich in der Frage der Artenvielfalt im Wald mündete. Der Hochschulprofessor und Forstwissenschaftler, der das Treffen ausdrücklich unter Ausschluss von Medienvertretern stattfinden lassen wollte, war ein glühender Verfechter der Forstwirtschaft. Auflichtungen durch Baumfällungen seien eine Wohltat für die Natur, befand der Professor. Die Holzernte und damit die Erwärmung der Bestände durch Sonneneinstrahlung würden die Artenvielfalt signifikant erhöhen, so seine pauschale Aussage. Bei derartigen Behauptungen muss ich immer schmunzeln, denn nicht nur ich halte sie für grundsätzlich unwissenschaftlich. Um eine Erhöhung der Artenvielfalt festzustellen, muss man sie vorher genau ermitteln, sprich, alle Spezies zählen. Nach Durchführung einer Baumfällaktion kann man diese Zählung erneut durchführen und dadurch ganz einfach mathematisch feststellen, ob es in Summe mehr oder weniger Arten sind als vorher. Das Dumme ist nur, dass man nicht ansatzweise weiß, wie viele verschiedene Wesen in der heimischen Natur unterwegs sind.

Eine Ahnung davon, welche Vielfalt sich allein im Boden tummelt, vermittelte die Untersuchung eines Teams um Kelly Ramirez von der Colorado State University in Fort Collins. Die Forscher zogen rund 600 Bodenproben im New Yorker Central Park und analysierten anschließend das darin enthaltene genetische Material. Sie fanden darin Spuren von 167169 verschiedenen Arten – alles Kleinstlebewesen vom Kaliber von Bakterien, davon bisher unbekannt: rund 150000![46]

Ich frage gerne bei Begegnungen mit Forscherinnen und Forschern, wie sie die Zahl der unbekannten Arten einschätzen, und das Ergebnis dieser persönlichen Umfrage liegt bei ungefähr 85 Prozent. Es sind also nur geschätzte 15 Prozent aller Arten in Deutschland bekannt; global dürfte das Ergebnis in einer ähnlichen Größenordnung liegen.

Zurück zu meinem Gespräch mit dem Forstwissenschaftler: Auch ihn fragte ich, ob er nicht ähnlicher Meinung in Bezug auf noch nicht entdeckte Arten und die Größenordnung ihrer Zahl sei. »Ach, Sie meinen sicher Bakterien und Pilze!«, antwortete er abfällig. Solche Lebewesen fand er offenbar kaum der Erwähnung, geschweige denn der Erforschung wert. Doch wer Bakterien und Co. nicht kennt, kann Eingriffe in das Ökosystem nicht umfassend bewerten, schon gar nicht in Bezug auf Rückgang oder Anstieg der Artenvielfalt.

»Unser begrenztes Verständnis solch wichtiger Mikroorganismen ist ein Beweis dafür, dass das ›Zeitalter der Entdeckung‹ gerade erst beginnt«, so ein Team um den US-amerikanischen Forscher Rolando Rodriguez.[47]

Und die kleinen Kerlchen sind wichtig! Wie wichtig, zeigt Ihnen Ihr eigener Körper. Dort tummeln sich mindestens so viele Bakterien wie eigene Körperzellen. Sie gehören zu Ihnen, ebenso wie Blutkörperchen oder Sinneszellen. Wie sehr sie Ihr Leben beeinflussen, zeigt die Forschung der letzten Jahre. So sind etwa Darmbakterien in der Lage, Botenstoffe für das Gehirn zu produzieren. Um es auf den Punkt zu bringen: Die Bakterien reden in unserem Leben ein gewichtiges Wörtchen mit. Sie beeinflussen unser Verhalten, indem sie Angst oder auch Depressionen hervorrufen können.[48] Thomas Bosch, Leiter eines Forschungsteams der Christian-Albrechts-Universität zu Kiel, geht sogar noch weiter. Er vermutet, dass der Ursprung unseres Nervensystems möglicherweise nicht in der Steuerung unserer Körperteile liegt, sondern in der Kommunikation des Körpers mit den Mikroben.[49] Da gewinnt der Ausspruch »Ich höre auf mein Bauchgefühl« auf einmal eine streng wissenschaftliche Bedeutung.

Jeder von uns ist ein kleines eigenes Ökosystem mit einer speziellen Zusammensetzung Tausender Bakterienarten, so individuell wie ein Fingerabdruck. Allein auf den Handflächen beherbergt jeder Mensch durchschnittlich 150 verschiedene Spezies. Dabei unterscheiden sich die linke und die rechte Hand so sehr voneinander, dass nur ca. 17 Prozent der Arten identisch sind. Zwischen verschiedenen Personen beträgt die Übereinstimmung der Bakterienarten auf den Handflächen nur um die 13 Prozent. Insgesamt wurden von Forschern 4742 verschiedene Arten auf den Handflächen der Probanden gefunden – nur zum Vergleich ein Blick auf die Artenvielfalt bei Wirbeltieren: In ganz Europa gibt es weniger als 700 Vogelarten.[50] Ihre Handflächen sind also ein Hotspot der Biodiversität. Nebenbei bemerkt: Dieser kleine Kosmos lässt sich auch durch Händewaschen nicht aus dem Takt bringen. Schon nach kurzer Zeit haben sich die Winzlinge durch ihre rasante Vermehrung wieder auf die ursprüngliche Zusammensetzung eingependelt.[51]

Weil wir nicht ohne diese Mikroorganismen leben können und sie nicht ohne uns, werden wir wissenschaftlich gesehen zu einer neuen Einheit zusammengefasst: dem Holobionten (holo = ganz, und bios = Leben). Dass die Erde von Holobionten bevölkert ist, klingt nach einem Science-Fiction-Film. Doch die bisherige saubere Trennung nach einzelnen Individuen ist zumindest für mehrzellige Arten, zu denen auch wir Menschen mit individuell je 100 Billionen Körperzellen[52] zählen, in vielen Fällen nicht mehr sinnvoll. Der Begriff der Artenvielfalt greift demnach viel zu kurz, weil innerhalb der Arten eine ungeheure Vielfalt von Holobionten besteht – jeder ist anders.

Dass der eigene Körper ein spezielles Ökosystem aus Tausenden von Arten bildet, trifft möglicherweise auf alle mehrzelligen Lebewesen zu, ganz sicher aber auch auf Bäume. Das wird, nein, das *muss* unseren Blick auf den Wald und unseren Umgang mit ihnen radikal verändern.

Professor Pierre Ibisch von der Hochschule für nachhaltige Entwicklung in Eberswalde formuliert die neuen Erkenntnisse mit klaren Worten: »Letztlich sieht es so aus, dass gar nicht die biologischen Arten Subjekte der ökologischen Interaktion und der Evolution sind, sondern vielmehr die komplex zusammengesetzten Holobionten. Wir stehen an der Schwelle eines völlig neuen Verständnisses der Waldökosysteme und der gesamten Lebewelt. Unfassbar große ›Blinde Flecken‹ zeichnen sich ab. Und dies in einer Zeit, in der Menschen in das ökologische Gefüge in nie da gewesenem Ausmaß und mit vielschichtiger Gründlichkeit eingreifen.«[53]

Wenn man anfängt, den Überblick zu verlieren, sollte man dringend innehalten und nachdenken. Und der Überblick über die Geschehnisse in der Natur geht in der Biologie mit zunehmenden Entdeckungen immer mehr verloren, oder besser ausgedrückt: Moderne Forschung zeigt, dass wir ihn kaum je hatten. Die feine Aufteilung in Kategorien, die Zuweisung von Aufgaben für einzelne Arten im Ökosystem funktioniert in der Realität nicht so simpel und ist ohnehin problematisch. Diese Zuweisung resultiert aus einer Natursicht vergangener Jahrhunderte, die unsere Umwelt als fein austarierte Maschine betrachtet. Jede Art hat eine qua Geburt festgelegte Aufgabe, die sie für den Rest ihres Lebens zu erfüllen hat. Dabei werden diese Aufgaben häufig unter dem Gesichtspunkt der Nützlichkeit betrachtet – in aller Regel der Nützlichkeit für uns.

Nützlinge und Schädlinge gibt es ja immer nur in Bezug auf die Förderung oder Beeinträchtigung menschlicher Interessen. Und das ist der springende Punkt: Diese Sichtweise stellt den Menschen ins Zentrum. Er allein hat keine besondere Aufgabe, alle anderen Lebewesen sind Diener in einer Maschinerie, die uns als Krone der Schöpfung zuarbeitet.

Um die Funktion der Maschine zu verstehen, wird sie wissenschaftlich in Zahnräder, sprich Arten, zerlegt. Doch so einfach lässt sich die Natur nicht enträtseln, denn der Begriff der »Art« ist längst gekippt. Und wir wissen jetzt, dass es eigentlich um Holobionten geht, wandelnde Ökosysteme also, wie jeder von uns eines darstellt. Doch die Bakterien, die den ganzen Schlamassel auslösen, stehen ihrerseits auf dem Prüfstand. Können die verschiedenen Arten von ihnen jeweils wirklich als Art bezeichnet werden? Nach der früher verwendeten Definition wäre die Voraussetzung dafür gewesen, dass sich Wesen sexuell vermehren und fruchtbare Nachkommen erzeugen. Das machen Bakterien aber nicht – sie teilen sich einfach ohne große Umstände und werfen nebenbei die Frage auf, ob sie nun zwei neue Bakterien oder ein Mutterwesen und ein Nachkomme sind. Hinzu kommt, dass diese beiden genetisch oft sehr weit auseinanderliegen. Während sich unser menschliches Erbgut von dem der Schimpansen um lediglich fünf Prozent unterscheidet, können Bakterien einer »Art« genetisch um bis zu 30 Prozent voneinander abweichen.[54] Warum die Wissenschaft hier dieses Zugeständnis macht, das sie etwa bei Tieren zu Recht verweigert? Weil sonst der Artbegriff bei Bakterien endgültig versagen würde. Das Beispiel zeigt, dass die enorme Vielfalt des Lebens wissenschaftlich gar nicht mehr zu bändigen ist.

Um das Fass endgültig zum Überlaufen zu bringen, werden Bakterien ihrerseits von Viren besiedelt beziehungsweise gefressen. Nach Schätzungen von Forschenden dringen im Schlepptau ihrer Beute täglich (!) rund 30 Milliarden solcher Viren durch die Darmschleimhaut in unseren Blutkreislauf und von dort in alle möglichen Organe.[55]

Puh! Haben Sie den Überblick verloren? Ich schon, aber das macht, ehrlich gesagt, überhaupt nichts aus. Allein das Eingeständnis, den Kreislauf des Lebens nicht ansatzweise zu verstehen, ist befreiend und demütigend zugleich. Letzteres zumindest dann, wenn man bisher versucht hat, die Natur so umzugestalten, dass sie besser mit uns funktioniert als ohne unsere helfende Hand. Das sich daraus ableitende Patentrezept ist simpel: Wir können dem kunterbunten Treiben der Natur prinzipiell nur zuschauen, wenn wir sie erhalten wollen. Gewiss, hier und da können lokal ausgestorbene Tier- oder Pflanzenarten wieder angesiedelt werden. Ganze Ökosysteme wieder aufzubauen gelingt aber grundsätzlich nur dort, wo wir nach einer kleinen Initialzündung das entsprechende Gebiet einfach wieder sich selbst überlassen, so schwer das engagierten Menschen auch fallen mag.

Aber ich schweife ab. Bei Pflanzen und hier speziell bei Bäumen ist die Zusammenarbeit mit Bakterien beziehungsweise die Verschmelzung zu einem gemeinsamen Organismus eigentlich ein alter Hut. Erinnern Sie sich an den Biologieunterricht? Dort waren (und sind) die Knöllchenbakterien ein Thema. Diese und einige andere Bakterienarten verfügen über eine für Pflanzen wichtige Eigenschaft: Sie können Stickstoff aus der Luft in Stickstoffdünger umwandeln, etwas, was ansonsten nur der Mensch mit seiner Chemieindustrie geschafft hat. Ohne Bakterien wären Bäume auf Blitze und Vulkanausbrüche sowie natürliche Feuer angewiesen, alles drei Hitzeprozesse, die Luftstickstoff pflanzenverfügbar machen und die viel zu selten auftreten. Also haben sich ein paar Bakterienarten aufgemacht, den Bäumen aus der Patsche zu helfen. Das machen sie allerdings nicht selbstlos, denn umgekehrt haben sie keine Möglichkeit, sich ohne Hilfe der Bäume zu ernähren.

Die Zwerge brauchen also einen Partner, der ihre Dienstleistungen mit Nährlösung belohnt. Schnell rutscht uns das Wort »Symbiose« über die Zunge, das die Zusammenarbeit zwischen verschiedenen Arten meint. Diese Zusammenarbeit kann sich so locker gestalten wie etwa bei Ameisen und Blattläusen. Die Ameisen betrillern die Blattläuse, woraufhin diese leckeren Zuckersaft ausscheiden. Im Gegenzug beschützen die Ameisen ihre kleine grüne Herde vor gefräßigen Marienkäfern. Blattläuse und Ameisen sind trotzdem unabhängig voneinander überlebensfähig.

Lebensgemeinschaften wie etwa Pilze und Algen, die zu Flechten verschmelzen, wurden früher ebenfalls als Symbiose bezeichnet. Doch nur gemeinsam bilden sie eine Art und sind fortan nicht getrennt überlebensfähig. Der Begriff »Symbiose« ist daher nicht mehr angebracht; Flechten werden zunehmend als Holobionten bezeichnet. Ansonsten könnten wir auch behaupten, Fresszellen in unseren Blutbahnen, die Krankheitserreger attackieren und vertilgen, wären ebenfalls nicht Bestandteil unseres Körpers.

Die Knöllchenbakterien starten zumindest unabhängig, bevor sie mit den Bäumen verschmelzen. Um die kleinen Helfer anzulocken, geben die Bäume quasi als Köder Nährstoffe aus den Wurzeln ins umgebende Erdreich ab. Daraufhin bewegen sich die Bakterien auf die feinsten Ausläufer, die Wurzelhaare, zu. Und dann wird es spannend: Wenn sich Wurzelhaare und Bakterien erkennen, erlaubt der Baum ihnen einzudringen. Spätestens jetzt ist für mich die Symbiose zu Ende, verschmelzen diese verschiedenen Wesen zu einer neuen Einheit (einem Holobiont). Nun bastelt der Baum den Neuankömmlingen ein bequemes Zuhause, indem er an den Wurzeln Knöllchen bildet. Das kostet Energie, die jedoch anschließend in Form von

Stickstoffdünger zurückgezahlt wird. Bäume mit Knöllchenbakterien können dadurch Böden besiedeln, die von Natur aus stickstoffarm sind. Und da Bäume gerne höher wachsen als Gräser oder Kräuter, ist die Verschmelzung mit Knöllchenbakterien ein im Wortsinne großer Vorteil. Diesen Vorteil nutzen zum Beispiel verschiedene Erlenarten oder auch die Robinie. Viele Baumarten sind aber nicht dazu in der Lage, mit solchen Bakterienarten zu kooperieren. Andere könnten es von ihren Anlagen her, tun es aber nicht. Ein solcher heimischer Vertreter ist die Hainbuche, die sich bisher noch ziert, die Winzlinge einzulassen. Warum das so ist, bleibt vorläufig ein ungelüftetes Geheimnis der Natur.[56]

Eine Zusammenarbeit Baum/Bakterien findet aber auch außerhalb der Wurzeln statt. Wie das genau funktioniert, ist noch nicht im Detail erforscht, aber spannend: Pflanzen haben, so Forschende vom Netherlands Institute of Ecology in Wageningen, ein Immunsystem zur Abwehr von Krankheitserregern. Im Gegensatz zu uns und den Tieren ist es aber zumindest teilweise nicht im Körper, sondern außerhalb angesiedelt. Es ist eine Lebensgemeinschaft von Bakterien, die um die Wurzeln herum verhindert, dass diese zum Beispiel mit Fäuleerregern infiziert werden.[57]

Zurück zu unserem Gespräch mit dem Forstwissenschaftler, der uns in der Eifel besuchte. Er erachtete diese komplexen Lebensgemeinschaften offenbar als unwichtig, denn gute Qualität eines Ökosystems definierte er in dem Gespräch lediglich über die Quantität der bekannten Arten. Doch wenn geschätzte 85 Prozent (oder sogar deutlich mehr) unbekannt und damit auch nicht zählbar sind, kann Quantität kein Kriterium sein. Wissenschaftlich fundierte Aussagen zur Erhöhung der allgemeinen Biodiversität durch menschliche Eingriffe sind in Unkenntnis der allermeisten Arten einfach nicht möglich. Die leicht zu widerlegende Legende von der wohltätigen Forstwirtschaft, die durch Kahlschläge und Plantagen der Artenvielfalt auf die Sprünge hilft, wird dennoch weiterhin an Hochschulen verbreitet. Aber zum Glück ist diesbezüglich Abhilfe bereits in Sicht; ich komme später noch darauf zurück.

Wissenschaftler, die sich dem Erkenntnisgewinn verweigern, sind in der Geschichte nichts Neues. Im Fall der Forstwissenschaft ist es aber besonders tragisch, weil Wälder ein wesentlicher Schlüssel zur Bremsung des Klimawandels sind und die Forstwirtschaft gleichzeitig mittlerweile bereits zwei Drittel aller Wälder der Welt negativ beeinflusst.[58]

Wenn man sich die komplexen Lebensgemeinschaften vergegenwärtigt, die mit ihren unfassbar vielen verschiedenen, vor allem kleinen Wesen das Ökosystem Wald in Gang halten, dann agiert Forstwirtschaft wie der Elefant im Porzellanladen. Ihre Antwort auf den Klimawandel ist der Austausch des Mobiliars, sprich: der Baumarten, etwa von Buchenwäldern gegen Plantagen aus nicht heimischen Esskastanien oder Libanon-Zedern. Damit mutieren Wälder endgültig zu einem naturfernen Kunstgebilde, und das Risiko steigt, dass dieses dem Klimawandel noch viel weniger standhalten kann. Warum ausgerechnet die Menschen, die unsere Wälder schützen und bewahren sollten, so in die Sackgasse geraten sind, schauen wir uns im nächsten Kapitel an.

TEIL ZWEI

DIE IGNORANZ DER FORSTWIRTSCHAFT

Mit dem Rücken zur Wand

Die klassische Forstwirtschaft hat aktuell mit massiven Problemen zu kämpfen: Die Fichten- und Kiefernplantagen sterben, und die Öffentlichkeit registriert zunehmend, dass das nicht ausschließlich am Klimawandel liegt. Borkenkäfer zerfressen die monotonen Baumansammlungen, Feuer verwüsten die Wälder, deren wunderbare Möglichkeiten zur Regenerzeugung und Selbstkühlung durch Motorsägen stark geschwächt wurden.

Dabei war alles so schön und ist so lange gut gegangen: Weltweit hatten viele Länder nach dem Beispiel deutscher Förster große Teile der Wälder in Plantagen umgewandelt, eine Praxis, die viele Jahrzehnte zuverlässig Holz für die Industrie lieferte. Der Einsatz schnell wachsender Baumarten sowie Qualitätszüchtungen brachten ähnliche Ergebnisse wie die Fleischproduktion mit der Massentierhaltung: Junge, rasch erntereife Bäume mit relativ einheitlichem »Schlachtgewicht«.

Genau wie Tiere in der Massentierhaltung sind die Bäume in den Plantagen jedoch sehr anfällig, und es gibt immer wieder große Ausfälle durch Krankheiten und Naturereignisse. Auch die Holzqualität ist in diesen »Massenbaumhaltungen« deutlich minderwertiger als die von Urwaldbäumen. Das ist der Öffentlichkeit verborgen geblieben, weil sich die Industrie auf die dünneren Stämme und die schlechtere Holzqualität eingestellt hat. Was die Bäume durch die schlechte Haltungsqualität in den Wäldern nicht mehr liefern können, wird durch Technik ausgeglichen. Versuchen Sie einmal, einen dicken Holzbalken aus einem Stück zu erwerben – es wird Ihnen kaum noch gelingen. Mittlerweile sind solche Balken aus lauter kleinen Brettchen zusammengesetzt und -geklebt, sodass sich auch ohne große Stämme Bauholz jeder Größe erzeugen lässt.

Alle schienen zufrieden, ohne zu bemerken, dass der Wald ob der groben Bewirtschaftung immer anfälliger wurde. Der Klimawandel ist der Tropfen, der das Fass zum Überlaufen gebracht hat, und nun offenbart sich das Dilemma der letzten Jahrzehnte in seiner vollen Dramatik. Das schöne Kartenhaus der staatlich organisierten und geplanten Waldbewirtschaftung stürzt in Zeitlupe, aber unaufhaltsam zusammen.

Dabei lässt sich Forstwirtschaft ohnehin viel schlechter planen als Landwirtschaft. In Bezug auf die Produkte gibt es viele Ähnlichkeiten. Holz ist eine verderbliche Ware – einmal geerntet verbleiben im Sommerhalbjahr oft nur wenige Wochen bis zur Verarbeitung, bevor holzzerstörende Pilze oder Insekten die Qualität erheblich herabsetzen. Selbst der Winter bietet in dieser Hinsicht kaum eine Verschnaufpause, wird diese Jahreszeit doch in Zeiten des Klimawandels zunehmend so warm, dass Pilze auch dann noch im Holz wachsen können.

Ein großer Unterschied zeigt sich in der Dauer von der Pflanzung oder Saat bis zur Ernte. Während Landwirte jährlich umdisponieren können, sind Forstwirte je nach Baumart zwischen 60 und über 200 Jahre an eine einmal getroffene Entscheidung gebunden. Aber wer kann schon so lange im Voraus wissen, was am Holzmarkt gefragt sein wird? Hinzu kommt nun der Klimawandel, der die Unwägbarkeiten noch einmal erheblich vergrößert. Heute geht es nicht nur um den künftigen Absatz, sondern schlicht um die Frage, ob Bäume überhaupt noch eine vernünftige Größe, ein brauchbares Erntealter erreichen, bevor sie absterben.

Als ob das nicht genug wäre, treten auch ohne Klimawandel im Rhythmus weniger Jahre Winterstürme auf, die große Mengen an Bäumen zu Boden werfen. Und weil Holz eine verderbliche

Ware ist, müssen diese Mengen schnell vermarktet werden, was zur Folge hat, dass die Preise massiv fallen. Nun stellt sich natürlich schon bald die Frage nach der mengenmäßigen Nachhaltigkeit. Während ein Bauer nach einer Katastrophe im nächsten Jahr einfach von vorne beginnt, muss ein Forstbetrieb in einer solchen Situation bei den stehen gebliebenen Waldbeständen starke Zurückhaltung üben, da der Sturm außerplanmäßig viel zu viel »gefällt« hat – so will es das Gesetz. Hinzu kommen mit schöner Regelmäßigkeit Trockenjahre mit Borkenkäferbefall sowie Modeströmungen, die auf einmal andere Holzarten für den Möbelbau bevorzugen. Im schlimmsten Fall ist es der Zusammenbruch ganzer Geschäftszweige, wie es etwa beim Grubenholz für die Abstützung von Bergwerksstollen der Fall war.

Fazit: In der Forstwirtschaft ist kaum etwas längerfristig vorhersehbar. Dennoch werden der größere private und der öffentliche Waldbesitz dazu gezwungen, Zehnjahrespläne aufzustellen. Da wird gerechnet, geplant und gemessen, nur um am Ende der zehn Jahre festzustellen, dass mal wieder alles ganz anders gekommen ist. Ich habe noch keinen Fall gesehen, bei dem diese langfristigen Kalkulationen irgendeinen Sinn ergeben hätten.

Die langfristige Planung der Forstwirtschaft kommt noch aus einem ganz anderen Grund ins Stolpern. Denn selbst dort, wo die Wälder noch halbwegs unbeschadet stehen, ist die Holzproduktion ins Stocken geraten. Das ist, sogar für Laien, auch völlig logisch: Bäume, die schon im Sommer ihre Blätter abwerfen, können nicht so viel Holz wie in normalen Jahren bilden. Und wenn sich die Situation insgesamt so weit verschlechtert, dass wir kaum noch normale Jahre erleben, dann muss zwangsläufig auch die Planung angepasst werden. Oder besser: müsste.

Wir haben es in den Beratungsgesprächen der Waldakademie immer wieder gesehen: Förster argumentieren, als würde der Klimawandel wie ein Buchhalter vorgehen. Die absterbenden Fichtenbestände haben sie aus ihrer Bilanz getilgt, aber dass es den verbleibenden Buchen- und Eichenwäldern ebenfalls schlecht geht, blenden sie bei der Planung vielfach aus – dort langen sie augenblicklich kräftig zu. Das schwächt ausgerechnet die Wälder, die dem Klimawandel noch am besten trotzen können: alte Eichen- und Buchenbestände. Deren Sozialgemeinschaft wird zerstört, der Waldboden heizt sich im Sonnenschein auf und trocknet aus. Nun sterben leider auch etliche der imposantesten Laubbäume, doch die Forstbehörden sind um keine Antwort verlegen, wenn es um gute PR geht. Die Buchen sterben? Dann sprengen wir sie doch einfach – das bringt zumindest eine gute Schlagzeile!

Gemetzel im Buchenwald

Ein Sonntag im September 2019 im Thüringer Wald: Explosionen hallen durch die Täler, und ächzend neigen sich alte Buchen zur Seite, bevor sie krachend auf dem Boden aufschlagen und ihre Krone in viele Teile zersplittert. Hier arbeitet die Bundeswehr, Soldaten legen Sprengladungen an die alten Riesen, um sie wenig später in die Luft zu jagen.[59]

30 Buchen und zwei Fichten wurden in einem ersten Versuch spektakulär gefällt. Amtlicherseits konnte so medienwirksam demonstriert werden, dass die Behörden auf die Krise im Wald reagieren, auch wenn sie dabei übers Ziel hinausschossen. Denn um die Sprengladungen anzulegen, musste schließlich der Sprengmeister am Stamm hantieren. Wären die Bäume tatsächlich so marode gewesen, dass sie augenblicklich umzustürzen drohten, hätte sich ihnen niemand nähern dürfen. Wenn aber eine Manipulation am Stamm gefährdungstechnisch in Ordnung war, dann stellt sich die Frage, warum man nicht einfach das Stahlseil einer Winde befestigt und dann die Bäume aus sicherer Entfernung per Traktor umgezogen hatte? Mir drängt sich der Verdacht auf, dass hier lautstark Tatkraft demonstriert werden sollte.

Ähnliches, allerdings nicht ganz so martialisch, ist landauf und landab zu hören. Die alten Buchen erkranken und werden hektisch gefällt. Es gilt, eine drohende Gefahr zu beseitigen. Äste könnten herunterfallen oder gar der ganze Stamm umkippen. Dabei könnten Menschen zu Schaden kommen. Auch die größte und schwerste Holzerntemaschine der Welt, die auf den Furcht einflößenden Namen »Raptor« (Raubsaurier) hört, kommt zum Einsatz. Mit ihrem Kranarm sägt die 70-Tonnen-Maschine spielerisch komplette Altbäume ab und hebt sie zur Fahrgasse, um sie dort klein zu sägen. Der Raptor schafft bis zu 80 alte und kränkelnde Buchen am Tag und frisst sich durch die alten Laubwälder.

Doch nicht alles, was schwach aussieht, stirbt auch. Kranke Buchen können sich durchaus erholen. Selbst wenn komplette Partien der Krone absterben, bilden viele Bäume eine etwas tiefer angesetzte Ersatzkrone. So können sie noch Jahrhunderte alt werden. Auch viele der im August laublosen Exemplare sind durchaus in der Lage, im nächsten Frühjahr wieder ganz normal auszutreiben. Sie lernen – wie wir ja inzwischen wissen.

Vielerorts werden diese lernenden und ums Überleben kämpfenden Bäume nun beseitigt, um angeblich drohende Gefahren abzuwehren, auch tief in den Wäldern. Dazu wird die Verkehrssicherungspflicht der Waldbesitzenden zitiert, als die Pflicht, Gefahren von den Waldbesuchern abzuwehren. Das ist aber gar nicht erforderlich, wie der Bundesgerichtshof am 2. Oktober 2012 feststellte.[60] Selbst an Waldwegen dürfen demnach kränkelnde Bäume stehen bleiben, die Waldbesitzenden haften nur, wenn sie Gefahren selbst verursachen. Das kann zum Beispiel ein Holzstapel sein, der ins Rollen gerät, oder ein über den Weg gefällter Baum, über den eine Radfahrerin stürzt. Ich denke also, es geht hier nicht um den Schutz der Spaziergänger, sondern um Argumente dafür, selbst in kranken Wäldern weiterhin Holz einzuschlagen.

Eine andere Ursache für die hektische Abholzung sterbender Wälder ist sicher auch emotionalen Ursprungs. Wenn die über Jahre und Jahrzehnte sorgsam durchforsteten Plantagen plötzlich dahinsiechen, ist das ein weithin sichtbares Signal des eigenen Versagens. Wer große Mengen toter Bäume im Wald stehen lässt, lässt damit in der Öffentlichkeit die Frage aufkommen, ob es denn jetzt überhaupt noch Förster braucht und vor allem, wer diese Misere verursacht hat.

Im Fall der absterbenden Fichten und Kiefern weisen die verantwortlichen Behörden und Forstwissenschaftler jede Schuld von sich. Es sei der Zweite Weltkrieg gewesen, der durch seine Zerstörungen in den Städten zu einem verstärkten Nadelholzanbau in den Nachkriegsjahren geführt habe. Schließlich musste Deutschland ja wiederaufgebaut werden – wer sollte da die Vorgänger verurteilen, die der Holzindustrie rasch wieder auf die Beine helfen wollten? Dieses Argument ist allerdings leicht zu widerlegen. Wenn in den 1940er- und 1950er-Jahren Bauholz gebraucht wurde, ließ sich das wohl kaum aus frisch gesetzten, kniehohen Fichten gewinnen. Nein, bis vor wenigen Jahren haben führende Persönlichkeiten der Szene massiv vor einem zu starken Wechsel von Nadel- zu Laubwäldern gewarnt. So sagte beispielsweise Professor Dr. Hermann Spellmann noch 2015, dass der Rückgang der Nadelbäume in frischen Aufforstungen ein Drama sei. Er appellierte für eine stärkere Hinwendung zum Nadelholz. Interessantes Detail: Herr Spellmann war bis 2020 Vorsitzender des wissenschaftlichen Beirats für Waldpolitik beim Bundeslandwirtschaftsministerium. Sein Wort hatte also bei der Ausgestaltung der Zukunft der Wälder erhebliches Gewicht.[61]

Es mag also kaum jemand aus der Forstszene eigene Fehler erkennen, und gestützt wird dieses Verhalten ausgerechnet durch absterbende Buchen. Wie Sie bereits wissen, sind die majestätischen Laubbäume vor allem dort unter Druck, wo durch starken Holzeinschlag das Sozialgefüge ausgelöscht wurde und die verbliebenen alten Recken um ihr Überleben kämpfen. Wenn sie nun in der Sommerhitze sterben, die in den aufgelichteten Wäldern leichtes Spiel hat, dann gilt das als Entlastung in der Schuldfrage um den schlechten Zustand unserer Wälder. Schließlich ist Mittel- und Westeuropa Buchenurwaldland. Wenn jetzt selbst heimische Baumarten aufgeben, kann es ja gar nicht an der Forstwirtschaft liegen – hurra!

Um vermeintliche Lösungen ist man nicht verlegen: Wenn es nach offizieller Lesart die Baumarten sind, die nun versagen, dann braucht man kein Personal auszutauschen, sondern wechselt einfach den gesamten Wald aus. Das klingt absolut größenwahnsinnig, und dennoch wird dieser Wandel bereits auf großer Fläche eingeleitet. Dieses Ärmelhochkrempeln, dieses »Wir schaffen das!« ist für die verantwortlichen PolitikerInnen eine gute Gelegenheit, Wissen und Handlungsfähigkeit zu demonstrieren – in einer Welt der Bäume, die eigentlich nur in Ruhe gelassen werden wollen.

Deutschland sucht den Superbaum

März 2019: Im idyllischen Havelland steht Bundeslandwirtschaftsministerin Julia Klöckner auf einem Kahlschlag. In den Händen hält sie ein Pflanzgerät, mit dem sie Douglasie für Douglasie in den Boden senkt. Das, so suggerieren die später in der Presse gedruckten Bilder der Ministerin mit den Setzlingen der nordamerikanischen Nadelbäumchen in der Hand, zeigt Tatkraft und Entschlossenheit.[62] Tatsächlich steht die Aktion für etwas ganz anderes: Für ein »Weiter so!«, für eine an Starrsinn grenzende Ignoranz der Tatsache, dass die Zeit der Nadelholzplantagen längst abgelaufen ist.

Ein bekannter Aphorismus lautet: Wahnsinn ist, wenn man immer wieder dasselbe macht und jedes Mal ein anderes Ergebnis erwartet. Eine andere Definition von Wahnsinn könnte »klassische Forstwirtschaft« heißen. Und in diesem Sinne wird kaum über eine Methodenänderung gesprochen, sondern darüber, wie man den Wald diesen Methoden anpassen kann. Aktuell findet eine Art Baumcasting statt, ganz nach dem Motto: Deutschland sucht den Superbaum. Doch kann man Wälder erneuern, indem man einfach die Baumarten austauscht? Sicher nicht, denn dann bricht unter allen Arten des Waldes eine große Hungersnot aus, wie wir uns anhand unserer eigenen Ernährung deutlich machen können.

Der größte Teil der menschlichen Ernährung wird mithilfe von Gräsern bestritten. Gras ist unser Hauptnahrungsmittel? Was merkwürdig klingt, ist schnell aufgelöst. Mais, Weizen, Hafer, Gerste, Reis – sie alle gehören zur Familie der Süßgräser. Diese

Auflistung ist nicht vollständig und zeigt doch, dass Gras in unserem Alltag eine entscheidende Rolle spielt. Allein der Anteil des direkten Verzehrs von Getreide beträgt global über 50 Prozent,[63] hinzu kommt die Nutzung als Tierfutter, sodass Grassamen auch umgewandelt als Eier, Milchprodukte und Fleisch auf den Tellern landen.

Stellen Sie sich einmal vor, die Bundesregierung würde versuchen, unsere Ernährung in den nächsten Jahren von den bewährten Getreiden auf Grasarten wie Weidelgras, Wiesenschwingel oder Wolliges Honiggras umzustellen: Unser Lebensmittelsystem würde zusammenbrechen, denn diese Arten sind für die menschliche Ernährung absolut ungeeignet. Die Konsequenz: Bei einer Umsetzung solcher (fiktiver) Pläne würden wir verhungern. Eine Regierung, die so mit den Bedürfnissen der Bevölkerung umginge, würde sicher bei nächster Gelegenheit abgewählt.

Gras und Bäume haben eine Gemeinsamkeit: Es handelt sich in beiden Fällen um eine sehr grobe wissenschaftliche Kategorisierung, die nicht so ohne Weiteres geeignet ist, einfache Schlüsse daraus abzuleiten. Was bei Gräsern völlig einleuchtend ist, wird bei Bäumen leider häufig ignoriert. Denn auch diese dienen Tausenden von Tier-, Pilz- und Bakterienarten als Grundnahrungsmittel, sei es über Blüten, Früchte, Blätter, Rinde, Holz oder daraus entstehenden Humus. Tauscht man beispielsweise die heimischen Buchen oder Eichen gegen Douglasie, Roteiche oder Esskastanie aus, dann verurteilt man Heerscharen der Bodenlebewesen zum Hungertod – viele von ihnen können die exotische Pflanzennahrung schlicht und ergreifend nicht verdauen.

Bäume sind der Startpunkt der Nahrungskette im Wald, und diese Kette hat sich über Jahrtausende hoch spezialisiert. Das ist leider nicht so ohne Weiteres zu erkennen. Typischerweise bauen sich Nahrungsketten im Tierreich nämlich von klein nach groß auf. Ganz am Ende stehen häufig die größten Lebewesen, wie große Pflanzenfresser oder besonders große Beutegreifer. Das gilt zumindest für Ökosysteme wie Meere oder an Land die Steppen. Sind diese Endnutzer der Nahrungskette vorhanden, dann muss das Ökosystem intakt sein – sie können schließlich nur existieren, wenn alle Vorstufen ebenfalls vorhanden sind. Es genügt also ein Blick auf die ganz Großen, um eine grobe Einschätzung des Zustands der Natur vornehmen zu können.

Im Wald dagegen ist es umgekehrt: Hier stehen die größten Lebewesen am Anfang der Kette, und deshalb geraten die zahlreichen Mitglieder der folgenden Nahrungskette leicht aus dem Blick. Das Missverständnis geht sogar so weit, dass viele Menschen (einschließlich vieler Fachleute) glauben, ein Wald sei in der Hauptsache eine Ansammlung von Bäumen. Das spiegelt sich selbst in Gesetzen wider, die Wälder nur über die mit Bäumen besetzte Fläche definieren. Wenn überall Douglasien, Esskastanien, Fichten oder Kiefern wachsen, dann muss das ein richtiger Wald sein, selbst wenn er für Tausende von heimischen Arten nichts als eine grüne Wüste ist.

Aus diesem Denken heraus ist es logisch, dass man Wald einfach pflanzen kann. Dazu bedarf es nur einer ausreichenden Anzahl an Baumsetzlingen, und wenn die bisherigen Arten forstwirtschaftlich nicht mehr funktionieren, nimmt man eben andere. Letztendlich ist es das endgültige Eingeständnis, dass Forstwirtschaft wie Landwirtschaft funktioniert – man wechselt ab und zu das »Gemüse«. Lediglich die Produktionszeiträume sind deutlich länger und damit auch die Unwägbarkeiten.

Die neuen Baumarten sollen vor allem über ein Merkmal verfügen: Sie müssen die aktuellen Veränderungen in Bezug auf Hitze und Trockenheit vertragen. Gesucht werden also Klimazonen, in denen schon heute Temperaturen und Niederschläge herrschen, wie sie bei uns für die nächsten Jahrzehnte vorhergesagt werden. Der Blick muss somit ein paar Breitengrade weiter südlich wandern.

Mit solch vereinfachten Ansätzen fällt die Wahl nicht schwer: Neben der bereits erwähnten nordamerikanischen Douglasie und der aus dem Mittelmeerraum stammenden Esskastanie sind Baumhasel (Südosteuropa) oder Orientbuche (vom Balkan bis Iran verbreitet) heiße Favoriten. Sie sollen mit weiteren exotischen Arten den prognostizierten Holzbedarf auch in 80 Jahren noch decken.

Was nachdenklich stimmt, ist die Tatsache, dass dem großflächigen Anbau von Nadelhölzern immer noch das Wort geredet wird, denn gleichzeitig weisen die verantwortlichen Behörden und Forstwissenschaftler jede Schuld für das Absterben der Plantagen von sich. Und selbst wenn Laubbäume gepflanzt werden, ist das kein Gewinn für die heimische Natur, wenn es sich um importierte Arten handelt. Dabei sind unter den eingeführten Exoten wirklich beeindruckende Bäume, wie etwa die Paulownia, auch Blauglocken- oder Kiribaum genannt. Sie hält Temperaturen von minus 20 bis plus 40° C aus, wächst pro Jahr um bis zu 4 Meter in die Höhe und kann nach zehn Jahren schon einen halben Kubikmeter Holz bilden. Zum Vergleich: Der Durchschnittsbaum in Deutschland ist 78 Jahre alt, sein Stamm hat dann im Mittel ebenfalls einen halben Kubikmeter Holz gebildet. Die Paulownia ist also ein regelrechter Turbobaum und nebenbei noch hübsch anzusehen.

Trotz aller hektischen Bemühungen und scheinbarer Lösungen für unsere künftigen Wälder können die Forstverwaltungen aber nicht kaschieren, dass das Ganze wenig mit Ökologie, sondern vielmehr mit der künftigen Rohstoffversorgung zu tun hat. Allmählich sickert selbst bei Laien die Erkenntnis durch, dass der Waldumbau nicht nur im übertragenen Sinne, sondern wortwörtlich dem Umbau einer Fabrik gleicht – in diesem Fall der Holzfabrik. Was für uns nach ein paar Jahren wie ein ganz passabler Jungwald aussieht, ist für das Ökosystem Wald eine ungeheure Katastrophe. Für viele heimische Tier- und Pflanzenarten bedeutet der Anbau ungewohnter Baumarten den großflächigen Entzug ihrer Lebensgrundlage. Die neuen Bäume sind somit lediglich eine leere Hülle in der Waldoptik, während der Inhalt, Tausende von heimischen Arten, weitgehend fehlt. Lediglich ein paar Generalisten werden überleben, also Arten, die eigentlich überall zurechtkommen und deswegen nicht gefährdet sind.

Letztendlich bleibt die Forstwirtschaft so in ihrem traditionellen Plantagensystem mit nur wenigen Baumarten verhaftet. Im Unterschied zu früheren Jahrzehnten schaut nun aber eine gut informierte und zunehmend kritische Öffentlichkeit bei diesem Umbau zu. Was sich durch diesen Druck ändert, ist der sprachliche Umgang mit kreativen Gedanken- und Wortspielen. Würden die weiter südlich wachsenden Baumarten im sich erwärmenden Klima nicht ohnehin von selbst einwandern? Ist das Anpflanzen dieser Wärme liebenden Baumarten nicht ein Hilfsangebot an den Wald, eine »assistierte Migration«, wie es freundlich im neuen Amtsdeutsch heißt? Man hilft dabei, so die Übersetzung, einfach nur den Baumarten, die ohnehin zu uns einwandern würden. Sie sind nur ein wenig zu langsam für das Tempo, welches der Klimawandel vorlegt, und brauchen lediglich ein bisschen Unterstützung.[64] Das klingt logisch, und wir sollten diese Maßnahme von zwei Seiten beleuchten.

Wenn sich Klimazonen verschieben, verschiebt sich auch die Vegetation. Nichts anderes war nach der letzten Eiszeit zu beobachten. Die Gletscher wichen, es entstand eine Tundra mit Gräsern, Flechten und Sträuchern. Ihnen folgten Fichten- und Kiefernwälder, mit zunehmender Erwärmung verdrängten erst Eichen und schließlich Buchen die Koniferen. Diese Wanderung, den zurückweichenden Gletschern hinterher, findet bis heute statt. So hat die Buche bereits Südschweden erreicht, der an der vordersten Baumfront zuerst auftretende Fichtenwald schon Lappland. Schon? Immerhin sind Bäume langsame Reisende, können nur von Generation zu Generation weiterwandern und brauchen somit Jahrtausende, um Hunderte von Kilometern vorzurücken. In Zeiten des Klimawandels gelten jedoch ganz andere Kriterien.

Klimazonen verschieben sich aktuell innerhalb von Jahrzehnten, eine Geschwindigkeit, die höchstens Baumarten mit sehr weit fliegenden Samen bewältigen können. Pappeln und Weiden, deren Minikapseln in flauschige Watte verpackt sind, schaffen mithilfe eines ordentlichen Sommersturms schon einmal mehr als 100 Kilometer innerhalb von Stunden. Buchen und Eichen hingegen sind mit ihren schweren Samen im Nachteil: Diese fallen immer senkrecht unter den Mutterbaum, egal wie stark der Wind bläst. Lediglich Vögel wie der Eichelhäher können den Baumnachwuchs ein paar Kilometer weiter befördern (und dort als Wintervorrat vergraben). Die durchschnittliche Reisegeschwindigkeit solcher schwerfrüchtigen Arten liegt bei etwa 400 Meter pro Jahr. Das reichte früher aus, um bei Klimaveränderungen das Areal zu wechseln, heute jedoch ist das definitiv um Größenordnungen zu langsam.

Zudem gibt es ein weiteres, viel schwerwiegenderes Hindernis: die Besitzgrenzen von Menschen. Wenn Bäume nach Norden wandern wollten, dann müsste es ihnen erlaubt sein, auch Wiesen, Äcker und Städte zu besiedeln, um ihr Areal allmählich zu verschieben. Doch wer würde es schon dulden, wenn der eigene Rasen auf diesem Weg temporär, das heißt für 100 Jahre oder mehr, von durchziehenden Bäumen besetzt würde?

Nein, jeder Baum, der ungefragt irgendwo im Freiland seine Wurzeln schlägt, wird schnellstmöglich beseitigt. Das kann ich persönlich gut verstehen. Das Grundstück um unser Forsthaus ist zwar mit vielen großen Bäumen bestanden, aber es gibt auch Rasenflächen, auf denen wir gerne sitzen und Kaffee trinken oder Federball spielen. Das Forsthaus komplett von Bäumen einwachsen zu lassen ist selbst für mich ein Schritt zu viel. Und weil das jeder so macht, halten wir die wanderwilligen Bäume in den ihnen zugewiesenen Waldarealen regelrecht gefangen. Eine natürliche Wanderreaktion als Ausgleich für steigende Temperaturen ist dadurch komplett unterbunden.

Wenn die Forstverwaltungen nun weiter südlich vorkommende Baumarten nach Norden holen, helfen sie ihnen lediglich dabei, viele Grundstücke zu überspringen und schließlich dort anzukommen, wohin sie ohnehin wollten. Doch jetzt wird es haarig: Woher wollen Förster wissen, welche Arten es bis hierhin auch ohne Hilfe schaffen würden, und falls es ihnen gelänge, ob sie sich hier auf Dauer auch festsetzen würden? Bei manchen kann man die Frage ganz einfach beantworten: Nordamerikanische Douglasien gehören sicher nicht zu dieser Kategorie, weil sie es noch nicht einmal geschafft haben, die amerikanische Ostküste zu besiedeln. Da dürfen wir getrost unterstellen, dass sie auch nicht den Atlantik hinüber nach Westeuropa überquert hätten.

Auch die Turbobaumart Paulownia mit ihrem chinesischen Ursprung wäre sicher weder bei uns noch in Nordamerika gelandet, wo sie teilweise invasiv Kahlschläge besiedelt. Gleiches lässt sich prinzipiell für alle nichtheimischen Arten sagen, denn selbst die Baumhasel mit ihrer Heimat auf dem Balkan oder der Türkei ist einfach zu weit entfernt von Mitteleuropa, um ihr für die nächsten Jahrhunderte ein echtes Einwanderungspotenzial attestieren zu können.

Die neuen Stars der Forstwirtschaft haben aber rein ökonomisch gesehen einen weiteren, unschlagbaren Vorteil: Sie gelten als robuster in Bezug auf Schadorganismen. Pilze und

Insekten scheinen deutlich weniger Geschmack an ihnen zu finden als an Buchen, Eichen oder Fichten. Das stimmt sogar, und zwar wortwörtlich: Die Knilche sind auf heimische Baumarten fixiert; ihnen schmecken nur Blatt, Borke und Holz von bekannten Bäumen. Da geht es ihnen in Bezug auf die Nahrung nicht anders als den meisten von uns.

Eingeführte Baumarten werden nicht als Bäumchen, sondern meist als Samen importiert. Sie sind frei von lästigen Schmarotzern, also gewissermaßen »clean«. Douglasien, Roteichen oder Baumhaseln wachsen kerngesund heran, während Fichten und Kiefern von Heerscharen an Insekten aufgefressen werden. Da wähnt man sich als Försterin oder Förster leicht in Sicherheit – allerdings zu früh. Denn ganz allmählich wandelt sich dieses Blatt nämlich. Durch den globalen Handel gelangen mehr und mehr blinde Passagiere aus dem Pilz- und Insektenreich zu uns herüber, die sich freuen, dass ihre Leibspeise schon auf großer Fläche zur Verfügung steht.

So ein Passagier ist die Douglasien-Gallmücke. Diese Mücke kommt klein und harmlos daher, so winzig, dass mehrere ihrer Larven in eine einzige Douglasiennadel passen. Dort drinnen mümmeln sie geschützt vor Vögeln vor sich hin, bis sie schließlich herauskommen, sich verpuppen und nach dem nächsten Winter den Zyklus erneut starten. Für die Douglasien ist das eine Katastrophe, denn sie verlieren bei starkem Befall alle Nadeln. Ohne Nadeln verhungern die Bäume, und genau das ist seit 2016 vermehrt zu beobachten, so etwa im Wald des Städtchens Rheinbach. Der zuständige Förster klagte 2018 einer Tageszeitung sein Leid, indem er erklärte, dass die Douglasie die Baumart sei, die ihm die meisten Sorgen bereite.[65] Wir erinnern uns: Im selben Jahr pflanzte Julia Klöckner Douglasien, um Wälder klimafit zu machen.

Wie wäre es dann mit der Baumhasel? Sie kommt selbst in ihrer ursprünglichen Heimat, die sich vom Balkan bis nach

Afghanistan erstreckt, kaum noch vor. Bei uns ist sie hier und da in Städten anzutreffen; im Wald dagegen ist sie eine absolute Rarität. Die Baumhasel kann Hitze und Trockenheit gut verkraften, und sie ist obendrein sehr sympathisch: Ihr Holz ist hart und widerstandsfähig, und genau wie bei der Strauchvariante sind die Haselnüsse essbar, sodass wir Menschen doppelt profitieren. Allerdings taucht in letzter Zeit vermehrt ein ungebetener Gast an der Baumhasel auf. Es ist die Breitfüßige Birkenblattwespe, die offenbar auf den Geschmack gekommen ist. Ihre Raupen verspeisen die Blätter der Baumhasel bis auf die Blattrippen – Fotosynthese ist so nicht mehr möglich. Noch ist das kein großes Problem – Baumhaselbestände gibt es ja kaum. Doch die Natur hebt hier schon einmal warnend den Finger, wohin die Reise gehen könnte, wenn man mehr von diesen attraktiven Bäumen anpflanzt.[66]

Fremde Baumarten gleichen also einem Roulettespiel, bei dem alles auf eine Zahl gesetzt wird. Trotz dieser Erkenntnis legt die Forstwirtschaft die Migrationshilfe nicht gleich ad acta. Es gibt schließlich noch weitere Ideen: Man nehme heimische Baumarten wie Buche oder Eiche und suche einfach am Südrand ihres Verbreitungsgebiets nach Exemplaren, die heißes Klima verkraften können. Bei der Buche reicht das immerhin bis Sizilien oder im Südosten bis ans Schwarze Meer. Wäre es nicht legitim, Samen dieser südlichen Populationen zu nutzen, um wärmetolerante Bäumchen für die Aufforstungen weiter im Norden zu gewinnen? Deren Nachkommen sollten ja genügend Erfahrung mit Dürreperioden besitzen, und Nachteile für das heimische Ökosystem sind auch nicht zu befürchten. Es sind ja Vertreter derselben Art; somit können auf Buchen angepasste Tier- und Pilzarten eigentlich keine Probleme bekommen, ganz im Gegenteil: Ihr Ökosystem, ihre Hauptnahrung bliebe so trotz steigender Temperaturen erhalten.

Diese Argumente mögen etwas für sich haben, dennoch sollte man wegen des Klimawandels nicht leichtfertig auf andere Baumarten wechseln. Ja, das Klima wandelt sich, aber wie schnell und mit welchen lokalen Auswirkungen, kann niemand vorhersagen. Denken wir an die letzten Jahre, in denen es überraschend schnell trockener und heißer wurde. Wer heute auf südliche Populationen setzt, wettet darauf, dass er das Wettergeschehen für die nächsten 100 bis 200 Jahre vorhersagen kann.

Der Mai 2020 lieferte das beste Argument, vermeintlich hellsehenden Förstern kein Vertrauen zu schenken. Zur Mitte des Wonnemonats sank nachts das Thermometer bis auf minus 10° C, sodass selbst bei den robusten Eichen die frischen Triebe und Blätter erfroren. Die Wahl von Baumarten sollte also nicht nach Durchschnittstemperaturen erfolgen, sondern nach dem, was vor Ort an Extremen auftreten kann. Gerade weil Bäume so alt werden, reicht es nicht, wenn solche Kälteereignisse seltener auftreten. Was nützt es, wenn eine Wärme liebende Art statt schon nach zwei Jahren erst nach zehn Jahren Bekanntschaft mit einem Spätfrost macht und dann abstirbt?

Buchen oder Eichen aus südlichen Gefilden weisen noch ganz andere Nachteile auf: Sie haben keine Erfahrung mit unseren lokalen Verhältnissen. Es sind ja nicht nur die Spätfröste, sondern auch die Menge und die jährliche Verteilung der Niederschläge, die hier anders sind als in ihrer gewohnten Umgebung. Selbst die Böden und die in ihnen lebende Artenvielfalt an Mikroorganismen stellen die Neuankömmlinge vor riesige, bisher noch unerforschte Herausforderungen. Bringt man Saatgut von anderen Populationen nach Deutschland, so schleichen sich vielleicht sogar Krankheiten ein, die man bisher noch gar nicht auf dem Schirm hatte.

Ist Ihnen der Begriff »Dendrovirologie« schon einmal begegnet? Das ist ein neuer Wissenschaftszweig, begründet an der Humboldt-Universität in Berlin. Hier beschäftigen sich Forscherinnen und Forscher mit der Frage, ob auch Bäume so etwas wie eine Grippe bekommen können. Klingt verrückt? Nein, eigentlich ist es völlig logisch, dass auch Pflanzen von Viren befallen werden und erkranken. Im Falle der Bäume heißt einer der Übeltäter nicht SARS-CoV-2 (Coronavirus), sondern EMARaV (European mountain ash ringspot-associated virus). Das Virus befällt neben Vogelbeeren auch Eichen, Eschen, Pappeln und andere Baumarten. Dort sorgt es für eine Schädigung der Blätter und damit für eine Schwächung der Bäume.

Nun könnte man meinen, dass Kontakte zwischen Bäumen eher selten sind. Würden wir Menschen so perfekt an Ort und Stelle verweilen, dann hätte es die Corona-Pandemie niemals gegeben. Doch bei Bäumen übernimmt die Bewegung jemand anders: die Insekten. Sie fliegen oder krabbeln auf der Suche nach leckeren Säften von Baum zu Baum und von Wald zu Wald. In ihren Körpern tragen sie dabei Krankheitserreger, die beim nächsten Stich in ein saftiges Blatt mit übertragen werden. Die Wissenschaftler aus Berlin untersuchen weitere neuartige Viren, die schon sehr weit in den Laubbäumen Europas verbreitet sind und diese neben schädlichen Pilzen und Bakterien zusätzlich schwächen.[67]

Natürlich ist es schon länger bekannt, dass Pflanzen Viruskrankheiten bekommen können. Doch als Förster hat man bestenfalls Pilze und Bakterien auf dem Schirm. Auf die Idee, dass die kleinen Viecher eine ähnlich große Rolle wie bei uns Menschen spielen können, kommt man zumindest in der forstlichen Fachwelt anscheinend nicht. Wenn man nun Saatgut südlicher Wälder in den Norden bringt und dort aussät, ist es denkbar, dass dabei gleich Viren mit ausgesetzt werden. Ob sie bei uns etwas anrichten können, und wenn ja, was genau, ist bisher nicht geklärt – dazu müsste man sie erst komplett erforschen. Wie Sie bereits wissen, stehen wir selbst bei der Bakterienvielfalt vor einer weißen Landkarte. Wie viel unwissender wir in Bezug auf die wesentlich kleineren Viren sind, kann man sich leicht vorstellen.

Es gibt noch viele andere Faktoren, von denen man nicht weiß, ob sie einen Einfluss auf den Zustand der Bäume haben, wie etwa die Tageslänge. Auf Sizilien, dem südlichsten Verbreitungsgebiet der Buche, sind die Tage im Juni über zwei Stunden kürzer als in Hamburg. Das klingt nebensächlich, doch Sonnenlicht bedeutet Zucker und damit Nahrung für die Bäume. Welche Auswirkungen es hat, mit nordischen Verhältnissen nicht vertraute Sämlinge in die Freiheit zu entlassen, wissen wir nicht. Zwar ist die Buche nach der Eiszeit ebenfalls von Süden wieder in den Norden eingewandert, allerdings ging dies in winzigen Schritten und über mehrere Jahrtausende hinweg vonstatten. Zeit genug also für die Buchen, sich an die neuen Verhältnisse anzupassen, oder anders ausgedrückt: Sie hatten reichlich Gelegenheit, dazuzulernen. In Bezug auf diese Umweltbedingungen haben die südlichen Buchen dagegen nichts gelernt – von wem auch? Daher müssen die Neuankömmlinge hier bei uns durch die harte Schule des Lebens gehen – Ausgang ungewiss.

Wozu sollte man also Baumarten dabei helfen, in den Norden zu migrieren? Wir sehen doch gerade, dass unsere heimischen Buchen dabei sind, zu lernen, dass sie sich anpassen und ihre Erfahrungen gleich an ihre Nachkommen weitergeben. Einmal mehr zeigt sich, dass der ungeduldige, wirtschaftende Mensch und die langsame, nur mit Einfühlungsvermögen zu beobachtende Reaktion der Bäume schlecht zusammenpassen.

Und ob die Bäume mit dieser »assistierten Migration« einverstanden sind, ob der Wald das wirklich will, darf heftig bezweifelt werden. Das heimische Ökosystem schafft es bisher noch ganz gut, den Veränderungen zu trotzen, solange es nicht von Försterinnen und Förstern allzu heftig ge- oder gar zerstört wird.

Dennoch ist der Natur in ihrem Bestreben, sich selbst zu regulieren, noch keine Atempause vergönnt. Denn der Waldumbau, das Anlegen neuer Plantagen mit großem Aufwand, hat ein neues finanzstarkes Argument bekommen: das grüne Image von Unternehmen.

Gut gemeint ist selten gut

Bäume pflanzen ist »in«. Aus vielen Werbeprospekten und TV-Clips lachen uns froh gelaunte Menschen an, die draußen im Wald Bäume gegen den Klimawandel pflanzen.

Pflanzen ist aktives Handeln, vermittelt Hoffnung und setzt ein Zeichen für die nächsten Generationen. Schließlich kann ein Baum 500 Jahre alt werden, speichert dabei nicht nur große Mengen an Kohlenstoff, sondern reichert unsere Luft mit Sauerstoff an und ist darüber hinaus Heimat ungezählter Arten.

Klingt gut, ist in vielen Fällen aber nicht besonders gut umgesetzt. Ein typisches Beispiel dafür ist eine große Baumarktkette. Sie warb Ende 2020 in Prospekten und Werbeclips mit der Pflanzung von einer Million Bäumen.[68] Das ist grundsätzlich sehr sympathisch, denn Bäume können wir gar nicht genug haben. Eine Million Setzlinge entsprechen je nach Pflanzabstand etwa ein bis drei Quadratkilometern neuer Waldfläche. Aber entsteht wirklich neuer Wald? Die Firma warb eher mit dem Waldumbau bestehender Plantagen und der Zielsetzung, den Wald klimastabiler zu machen, kurz: Fichte weg, Laubwald her. Trotzdem könnte das ja etwas Positives sein, wenn es einen echten Zusatznutzen für die Natur bringt. Um Licht in diesen Jungwald zu bringen, schauen wir uns einmal an, wie die Aktion umgesetzt wurde. Partner des Baumarkts war die Schutzgemeinschaft Deutscher Wald (SDW), eine anerkannte Naturschutzorganisation.[69] Wer weiß, dass zum Beispiel auch der Deutsche Jagdverband dieses Etikett trägt, versteht auch, dass es per se noch nicht allzu viel aussagt.

Die Schutzgemeinschaft hat ein Leitbild, das sie unter Punkt 2 wie folgt formuliert: »Wir stellen Wald mit seinen kulturellen, wirtschaftlichen und ökologischen Funktionen in den Mittelpunkt unserer Arbeit.«[70] Ist es nun Zufall, dass die ökologische Funktion nach der wirtschaftlichen genannt wird? Wohl kaum, denn diese Schutzgemeinschaft unterstützt mit vielen Aktionen das Bild staatlicher Forstverwaltungen in der Öffentlichkeit. So werden etwa gemeinsame Waldjugendspiele veranstaltet, bei denen Schülerinnen und Schüler unter anderem erfahren, wie gut Forstwirtschaft dem Wald tut. Die SDW hat also die Umsetzung der Baumarkt-Aktion übernommen und schreibt den Waldbesitzerinnen und -besitzern, die sich beteiligen wollen, vor, wie das zu geschehen hat. Die Richtlinien lesen sich wie die Waldumbauprogramme der staatlichen Forstverwaltungen. Sie sehen lediglich standortangepasste Baumarten vor, eine verschwurbelte Umschreibung der Tatsache, dass auch Exoten dieses Kriterium erfüllen können.[71] Oder hätten Sie gewusst, dass es in der Forstsprache »standortheimisch« heißen müsste, wäre echte Natur gemeint?

Und Hand aufs Herz: Wenn Sie einen Baum spenden, soll dieser dann nicht der Natur geschenkt werden und in Ruhe altern können? Soll er nicht in einem Wald wachsen, in dem die Bäume sich gegenseitig unterstützen, für Kühle sorgen und die Regenfälle vermehren? Kurz: Wird Ihr Baum nicht einen Beitrag zu einem ungestörten Schutzgebiet leisten?

Die raue Wirklichkeit sieht leider anders aus. Die Setzlinge finden sich in Wirtschaftswäldern wieder und dürfen, so die übliche Planung, im Schnitt nur einige Jahrzehnte alt werden. Ihr Holz ist in den meisten Fällen für die wirtschaftliche Verwertung vorgesehen. Neben dem Ökosystem Wald hat auch die Atmosphäre das Nachsehen: Der in den Bäumen gespeicherte Kohlenstoff entweicht über kurz oder lang wieder in die Atmosphäre – schließlich enden alle Holzprodukte eines Tages im Ofen, im Müll oder einem Altholzkraftwerk.

Doch auch ohne ein Sponsoring aus der Wirtschaft werden landauf, landab hektisch neue Bäumchen gesetzt. Ein typisches Beispiel von solch aufwendigen Anpflanzungen und ihrem künftigen Schicksal sind die Waldbrandgebiete von Treuenbrietzen. Dort brannten im Dürresommer 2018 rund vier Quadratkilometer Kiefernplantagen lichterloh, und diese Fläche wollte ich mir unbedingt ansehen. Waldbrände sind für Deutschland eigentlich etwas völlig Untypisches, weil unsere ursprünglich heimischen Lauburwälder gar nicht brennen konnten. Erst mit der Einführung der großflächigen Nadelbaumplantagen, deren harzgetränkte Zweige und Nadeln leicht entzündlich sind, wurden Brände zu einem Problem, das zunehmend an Brisanz gewinnt.

In den Waldbrandflächen forscht Professor Pierre Ibisch. Er untersucht dort zusammen mit der Biologin Jeanette Blumröder die natürliche Wiederbewaldung ohne Zutun des Menschen. Anfang Mai 2019 hatten wir uns mit Jörg Adolph und Daniel Schönauer (dem Kamerateam für den Kinofilm »Das geheime Leben der Bäume«) und Pierre Ibisch am Ort des Feuers verabredet. Unsere Gruppe spazierte zwischen den verkohlten Stämmen umher, von denen erstaunlicherweise zunächst etliche das Feuer überlebt hatten, wenn auch arg ramponiert. Ich hatte mir eine Waldbrandfläche völlig verwüstet vorgestellt, mit wenigen Baumstümpfen, die trostlos aus der Asche ragten. Stattdessen war das Feuer auf dem größten Teil der Fläche nur durchs Unterholz gerast und hatte die Kiefern auf eine Höhe von fünf bis sechs Meter angesengt, aber nicht völlig verbrannt. Der Wald stand noch komplett, doch statt Braun-Grün nun in Braun-Schwarz.

Unsere Schuhe wirbelten Asche auf und verstärkten den apokalyptischen Eindruck. Doch halt, hier und dort lugte ein wenig Grün aus dem verbrannten Boden. Wir gingen in die

Hocke und tasteten mit schwarzen Fingern behutsam die kleinen Pioniere ab. Es waren tatsächlich Bäume! Sehr klein zwar und kaum erkennbar, aber an einigen Stellen sprossen erste Ahornsämlinge oder Kiefern. Dennoch musste man ein großer Optimist sein, um glauben zu können, dass diese spärlichen Hoffnungsträger inmitten einer riesigen schwarzen Untergangsszenerie den Auftakt für neue, robuste Wälder bilden sollten.

Die andere Variante, mit Brandflächen umzugehen, durfte ich ein paar Hundert Meter weiter bestaunen. Hier hatte der Waldbesitzer alle Stämme, ob tot oder lebendig, fällen lassen. Jetzt im Mai sahen wir am Horizont des Riesenkahlschlags immer noch einen Harvester fahren, eine der bereits beschriebenen Erntemaschinen, die einen Baum in Sekundenschnelle fällen, von Ästen befreien und in handliche Stücke zersägen können. Die Maschine am Horizont verleibte sich eine angesengte Kiefer nach der anderen ein, um danach eine öde Kahlfläche zu hinterlassen. Die trostlose Szenerie wurde noch verstärkt durch Traktorspuren, die die ganze Fläche bedeckten. Hier wurde, so erzählte uns ein anwesender Förster, anschließend der ganze Waldboden umgepflügt. Man wisse ja aus Erfahrung, dass neuer Wald unter den brandenburgischen Verhältnissen nicht einfach so wachsen würde.

In den Pflugstreifen, also im blanken, vom Humus befreiten Sand, hatte der Forstbetrieb kleine, kaum zehn Zentimeter hohe Kiefern gepflanzt. Kiefern? Ich fragte den Kollegen, wieso hier derselbe Fehler gleich noch einmal gemacht würde. Na, das sei doch klar, lautete die Antwort. Jeder wisse doch, dass auf den Sandböden Brandenburgs kaum etwas anderes als Kiefer wachse. Ich war zwar vom Gegenteil überzeugt, schließlich hatten dort vor Jahrhunderten überwiegend Buchenurwälder gestanden, führte aber noch ins Feld, dass sich der ganze Aufwand noch nicht einmal betriebswirtschaftlich lohne. »O doch«, kam sofort heftiger Widerspruch. Der Kollege führte aus, dass sich diese Plantage über die Jahrzehnte bis zum Kahlschlag in rund 100 Jahren sehr wohl bezahlt mache.

Ich liebe meine Zinseszins-App, weil sie genau in solchen Situationen sehr hilfreich ist. Ob sich eine Investition im Wald tatsächlich bezahlt macht, kann man damit sehr schnell ausrechnen. »Stopp«, mag nun manch einer rufen, »Wald muss sich doch nicht rechnen!« Wenn es um echten Wald geht, bin ich sofort derselben Meinung. Doch der kommt ganz ohne menschliche Hilfe fast überall und kostenlos von alleine zurück, wie wir noch sehen werden, fast immer sogar in besserer ökologischer Qualität. In manchen Fällen kann es auch sinnvoll sein, zur Ergänzung seltene heimische Baumarten zu pflanzen, die einen Jungwald zusätzlich ökologisch aufwerten.

Eine Aufforstung mit dem Hauptziel, eines Tages Holz zu ernten, muss betriebswirtschaftlich jedoch genauso wie eine Investition in Immobilien, Wertpapieren oder Gold betrachtet werden und sich entsprechend verzinsen. Die Zinsen sind nach landläufiger Meinung im Keller, was aber höchstens für Geld auf dem Girokonto oder Sparbuch gilt. Alle anderen Anlageformen werfen gute Erträge ab, und das nicht nur momentan. Inflationsbereinigt schafft man etwa mit Aktien über Jahrzehnte über sechs Prozent Rendite.[72]

Kiefernkulturen sind vergleichsweise billig; mit dem vorangegangenen Räumen der Fläche und dem Pflügen des Bodens ist man schon ab 4000 € pro Hektar dabei. Die Laufzeit der Investition beträgt rund 100 Jahre – das ist die Zeitspanne, nach der die Stämme dick genug sind, um ins Sägewerk zu kommen. Zwischendurch wird zwar auch schon Holz im Rahmen von Durchforstungen geerntet, doch das ist dann noch dünn und von schlechterer Qualität. Es trägt in der Regel noch nicht einmal die Kosten, die die Verwaltung des Waldes und die Holzernte verursachen.

Wir starten also mit 4000 €, verzinsen den Holzacker mit

sechs Prozent und lassen die Investition 100 Jahre laufen. Vielleicht können Sie es sich schon denken: Durch die lange Laufzeit kommt eine gewaltige Summe zusammen. Es sind über 1,3 Millionen Euro, die zu Buche schlagen. Soll eine Anpflanzung, eine ökologische Wüste, gegen natürliche Wiederbewaldung besser abschneiden, so muss die Rendite aus Holzverkäufen zu erzielen sein. Andernfalls würde man das Geld besser in Aktien oder anderen Anlageformen investieren. Die Kiefernplantage erwirtschaftet nach 100 Jahren lediglich eine Rendite von 12 000 €,[73] verliert also gegen alle anderen Anlageformen um Längen.

Ähnliche Rechnungen kann man mit fast allen Ausgaben im Forstbetrieb anstellen; das Ergebnis liegt klar auf der Hand: Wer gegen die Natur wirtschaftet, kann keine vernünftigen Renditen erzielen. Kurz und knapp: Wer pflanzt, verliert.

Gut gemeinte Baumpflanzaktionen von Firmen und Privatleuten in öffentlichen Wäldern haben eine weitere bittere Note. Die geht auf das Konto der Forstverwaltungen, also der Aufsichtsbehörden, die zuvor ein ökologisches Desaster durch jahrzehntelange großflächige Pflanzung von Fichten- und Kiefernplantagen verursacht haben. Sie waren damit so erfolgreich, dass mittlerweile mehr als die Hälfte der Wälder Deutschlands aus gebietsfremden Nadelbäumen besteht.

Sinnvoll war das noch nie, denn schon vor den trockenen Sommern der Jahre 2018–2020 fielen bei der Fichte, forstwirtschaftlich betrachtet die wichtigste Baumart, über die Hälfte der Bäume Borkenkäfern und Stürmen zum Opfer. Es war quasi eine geplante Katastrophenwirtschaft, ein vorhersehbares Desaster, welches man anschließend immer wieder mit Steuergeldern ausbügelte. Es besteht nämlich nicht nur für Privatwaldbesitzende, sondern selbstverständlich auch für öffentliche Forstverwaltungen eine gesetzliche Pflicht zur Wiederaufforstung innerhalb weniger Jahre. Will heißen: Auf die Waldflächen, die gutmeinende Menschen in ihrer Freizeit oder großzügige Baumarktketten über den Kassenbon bepflanzen lassen, wären ohnehin neue Bäumchen gekommen – dafür hätten schon die Aufsichtsbehörden, die staatlichen Forstämter gesorgt.

Die freiwilligen Initiativen nehmen den Waldbesitzenden teilweise noch nicht einmal Kosten ab, denn im privaten und kommunalen Wald wird die Aufforstung nach Katastrophen und auch der Umbau von Plantagen finanziell kräftig gefördert. Was bleibt, ist eine gigantische PR-Aktion und bei den freiwillig Helfenden das trügerische Gefühl, etwas Gutes getan zu haben. Das Nachsehen hat die Natur, die nun wieder einmal einer Plantage weichen muss.

Einige wenige Fälle gibt es, in denen die Neuanpflanzung von Wald sinnvoll erscheinen mag. Das kann dort der Fall sein, wo es im weiten Umkreis keine alten Bäume mehr gibt, die sich aussamen können, etwa bei weiten Agrarlandschaften. Hier würde eine Wiederbewaldung länger dauern, was per se noch kein Problem darstellt – es sind ja natürliche Prozesse, die gerne auch einmal etwas langsamer ablaufen dürfen. Die Natur hat also Zeit, wir Menschen dagegen meist weniger. Wenn wir die Wiederbewaldung nicht nur als Rückkehr der Natur, sondern auch und vor allem als eine Maßnahme gegen den Klimawandel sehen, dann darf man ruhig einen Zahn zulegen. Und das gelingt mit einer Pflanzung in vielen Fällen durchaus, vor allem, wenn nur heimische Bäume wie Buchen, Eichen oder Birken verwendet werden.

Dennoch tauchen für die Bäumchen gleich zu Beginn massive Probleme auf. Problem Nummer eins sind ihre Wurzeln. Eine 40 Zentimeter hohe Buche verfügt von Natur aus über ein Wurzelsystem, das sich über einen Quadratmeter ausbreitet. Eine solche Wurzel kann man nicht ohne Beschädigung ausgraben oder pflanzen, und davon abgesehen: Allein das Gewicht des anhaftenden Erdreichs würde einen Bagger erfordern, um diesen Setzling zu transportieren und einzugraben. Die Kosten für so ein Bäumchen möchte niemand tragen, ganz im Gegenteil, es muss billig sein und schnell gehen. Ähnlich wie in der Landwirtschaft gibt es eine Preisspirale nach unten, und deren Ergebnis lautet: Mehr als 2,50 € sollte eine kleine Buche oder Eiche nicht kosten – einschließlich der Pflanzung!

Ein möglichst großes Bäumchen für möglichst wenig Geld, dazu noch billig und schnell zu pflanzen, das sind Anforderungen, die zu folgendem Ergebnis führen:

Das Wurzelsystem muss möglichst klein sein, damit es in ein kleines (schnell herzustellendes) Pflanzloch passt. Dazu wird es in der Baumschule und dann oft noch einmal im Wald beschnitten. Autsch! Immerhin zählen die Wurzelspitzen zu den empfindlichsten Organen eines Baums, hier entdeckten Wissenschaftler gehirnähnliche Strukturen mit ebensolchen Prozessen. An dieser Stelle entscheidet der Baum, wie viel er trinkt, welchem Nachbarbaum er Zuckerlösung über das Bodennetzwerk zukommen lässt oder mit welchen Pilzen er sich verbündet.

Schnippelt man daran herum, regeneriert sich dieses sensible Körperteil nie wieder in der alten Qualität. Bäume senken ihre Ausläufer nicht mehr in die Tiefe des Bodens und vernetzen sich kaum noch untereinander. Kommunikation ist so zumindest über die Wurzeln fast nicht mehr möglich, was den Baumkindergarten anfälliger für drohende Attacken von Insekten oder Pflanzenfressern macht. Normalerweise warnt das zuerst befallene Exemplar mittels eines chemischen Hilferufs seine Artgenossen, sodass diese sich im Voraus durch die Einlagerung von Giftstoffen vorbereiten können. Es ist, als ob der junge Wald verstummt und seine Orientierungsfähigkeit verliert.

Ein weiteres Ergebnis der Amputation: flache Wurzeln, die den Baum nur ungenügend verankern. Mit diesen Wurzeln erreichen heimische Laubbäume auch nicht mehr die tieferen Bodenschichten mit den überlebensnotwendigen Wasservorräten aus dem Winter. Wie offensichtlich diese Defekte sind, zeigen frische Aufforstungen in den Jahren 2019 und 2020, die oft schon im ersten Jahr vertrocknen. Natürlich aufgewachsene wilde Bäumchen gleichen Alters in der unmittelbaren Nachbarschaft prangen dagegen selbst in der größten Sommerhitze in frischem Grün. Diese wilden Sämlinge haben noch einen ganz anderen Vorteil: Sie stammen aus der unmittelbaren Umgebung, kennen das Klima und sind an die raue Wirklichkeit angepasst. Ihre Vettern aus der Baumschule sind, Pardon, Weicheier. Sie haben die trockenen Sommer nicht als Prüfung erlebt, weil die Beete in den Baumschulen selbstverständlich bewässert wurden. Wie sollten sie dort lernen, mit Wasser zu haushalten?

Hinzu kommt Pflanzendoping in Form von Dünger. Nährstoffe in Hülle und Fülle, eine Bodenfeuchte, die selbst die besten Wälder so nicht immer bieten können – das Leben in den ersten ein bis drei Jahren gleicht einem Traum. Doch der ist ausgeträumt, wenn die kleine Eiche oder Buche sich plötzlich auf dem Fichtenkahlschlag wiederfindet. Hastig mit den Wurzeln in ein Pflanzloch gedrückt und festgetreten gleicht das Erwachen einem schmerzvollen Schock. Die Wurzeln sind durch den Pflanzakt im Erdreich verbogen und gequetscht und können deshalb viel schlechter Wasser aufsaugen – wenn denn nach der Befahrung mit schwersten Maschinen überhaupt welches vorhanden ist.

Ein weiterer, wirklich gravierender Nachteil ist, dass die Bäumchen aus der Baumschule zu wenig wissen. Es mangelt ihnen nicht nur an dem, was sie sich selbst hätten aneignen können, sondern vor allem fehlt ihnen das, was ihre Eltern ihnen unter normalen Umständen mitgeben. Baumeltern vermitteln ihrem Nachwuchs über epigenetische Stoffe die geballte Erfahrung ihres Lebens. Es sind Methylmoleküle, die sich wie Lesezeichen an die Gene anlagern und mit der Samenbildung an die nächste Generation weitergereicht werden. Die Sämlinge »wissen« dann sofort, wie man sich bei dem vorhandenen Boden, der Menge des Regens oder den aktuellen Sommertemperaturen zu verhalten hat.

Das gilt aber wirklich nur für die wenigen Quadratmeter, auf denen die Baumeltern stehen. Denken Sie an die Buchen in meiner Heimat Wershofen, die im Südhang ganz anders reagieren als im Nordhang. Der Baumnachwuchs bekommt dementsprechend andere Verhaltensregeln an die Hand oder besser an die Wurzeln.

Die Lehren, die Bäumchen aus der Baumschule gespeichert haben, nützen den Kleinen an ihrem neuen Standort recht wenig. Ihre Mutterbäume, makellose Exemplare, die in wenigen amtlich anerkannten Erntebeständen wachsen, werden eher nach ihrer Verwendungsmöglichkeit im Sägewerk ausgesucht. Diese Erntebestände liegen vielleicht im Schwarzwald, während der Nachwuchs in der Eifel eingepflanzt wird.

Natürlich aufwachsende Wälder haben zudem einen ganz anderen Vorteil bei der Reaktion auf neue Herausforderungen: So produziert eine Buche im Laufe ihres Lebens durchschnittlich knapp zwei Millionen Samen, die alle unterschiedliche Eigenschaften haben. Rein statistisch gesehen kann nur ein einziger Sämling zu einem erwachsenen Baum werden, der den Platz seiner Mutter einnimmt. Und das ist, logisch, derjenige, welcher mit den Verhältnissen exakt an diesem Punkt am besten zurechtkommt.

Anders verhält es sich allerdings mit Pflanzaktionen wie etwa den schon erwähnten Aufforstungen von Äckern. Doch wie bringt man den Wald auf diesen ökologischen Wüsten am sinnvollsten zurück, wenn es besonders schnell gehen soll? Ganz einfach – indem man die natürliche Wiederbewaldung im Zeitraffer simuliert. Dazu bepflanzt man die Scholle mit Birken oder Zitterpappeln. Diese Pionierbäume gehören ohnehin zu den Ersten, die sich ansiedeln, und wenn es im weiten Umkreis keine Mutterbäume gibt, kann man mit einer Pflanzung von 500 Bäumchen je Hektar nachhelfen. Sie wachsen mit bis zu einem Meter Höhe pro Jahr rasch zu einem Wäldchen heran, das für Schatten und Bodenfeuchtigkeit sorgt.

Im Klima unter diesen Ammen fühlen sich auch Buchen wohl, die man einige Jahre später darunter pflanzen kann. Noch besser sind Saatkisten, die auf Pfosten befestigt werden. In diese füllt man Bucheckern oder Eicheln, die dann Eichelhäher oder auch Krähen in der Umgebung als Wintervorräte verstecken. Weil die Vögel gerne auf Nummer sicher gehen, verstecken sie bis zu 10000 dieser Samen, obwohl sie kaum 2000 brauchen. Der große Rest keimt im Frühjahr und schafft so preiswert Baumnachwuchs. Das kostet nur wenige Euro, und die Sämlinge wachsen mit unbeschädigten Wurzeln fast wie im natürlichen Wald auf. »Fast« deshalb, weil ihnen die Mutterbäume fehlen, die durch die artfremden Birken nur in Bezug auf Schatten und Feuchtigkeit, nicht aber auf Nahrungs- und Informationstransfer ersetzt werden.

Je mehr man mit der Natur arbeitet, desto unspektakulärer sind die Erfolge. Wer kann sich schon auf die Brust klopfen, wenn die eigene Leistung lediglich aus Abwarten, aus Zulassen besteht? Pressefotos von Menschen, die mit den Händen in den Hosentaschen die Natur betrachten, weil es für sie nichts zu tun gibt, sind nicht besonders beeindruckend. Handlungsfähigkeit demonstriert man nur durch Handeln, politische Handlungsfähigkeit durch das Bereitstellen von Geld. Doch das teure Festhalten an Plantagen hat nicht nur Auswirkungen auf Bäume, sondern auch auf die Tierwelt. Sie gerät zunehmend ins Fadenkreuz der wirtschaftlichen Interessen, und das ist wortwörtlich zu verstehen.

Das Reh – der neue Borkenkäfer?

Die Erneuerung der Plantagen wird begleitet von donnerndem Getöse. Denn über die frisch gesetzten Bäumchen pfeifen immer häufiger Geschosse. Ziel der Schießerei sind große Säugetiere, allen voran Hirsche und Rehe. Sie sind die auserkorenen Feinde des neuen Waldes und lösen den Borkenkäfer als Bösewicht nahtlos ab. Das Insekt hinterließ die sterbenden Fichtenwälder, und deren Ablösung durch frisch gepflanzte Baumschulware droht nun an den hungrigen Mäulern der Wildtiere zu scheitern. Aber auch hier – Sie können es sich vielleicht schon denken – findet eine Ablenkungsdiskussion statt, sprich: Man sucht einen Sündenbock. Politiker fordern im Schulterschluss mit einigen Umweltverbänden, die Abschüsse nun kräftig zu erhöhen und dazu allerlei Erleichterungen der bestehenden Jagdvorschriften einzuführen. Und es stimmt ja: Der Fraß an den Trieben frisch gepflanzter Laubbäume könnte dazu führen, dass dieses Konzept der ökologischen Wiederbewaldung vielerorts scheitert. Doch liegt das wirklich an den Rehen und Hirschen?

Von Natur aus können nur sehr wenige Pflanzenfresser in einem Wald überleben. Unter den schattigen Kronen von Buchen und Eichen wächst kaum ein Kraut, sodass Hunger angesagt ist. Hirsche ziehen deshalb lieber in die Auwälder der Flussniederungen. Dort hielt zumindest früher das Treibeis während der Schneeschmelze weite Bereiche frei von Bäumen. Die dicken Schollen, die mit dem ersten großen Hochwasser des Jahres auf dem rasch strömenden Wasser angeschossen kamen, rasierten kleinere Bäume gnadenlos ab und beschädigten größere schwer. Selbst heute noch sind etwa an der Elbe Narben an dicken Eichen sichtbar, die aus der Mitte des vergangenen Jahrhunderts stammen. War das Wasser gesunken, breiteten sich schnell Gräser und Kräuter über die Uferbänke und Auen aus. Hier fanden Wildrinder, Hirsche und Wildpferde beste Bedingungen. Wenn es im Sommer zu warm war und die Mücken die Tiere zu sehr plagten, wanderten sie hinauf ins Gebirge, zur Baumgrenze. Dort oben war es schön kühl, und der lockere Baumbestand erlaubte das Wachstum von saftigen Gräsern und Kräutern.

Rehe hingegen haben Reviere und sind deshalb keine Vagabunden. Sie suchten sich kleine Störungsbereiche im Wald. Hatte ein Sommertornado Dutzende Altbäume umgeworfen oder war eine mächtige altersschwache Buche faulend zusammengebrochen, so bildete sich am Boden eine kleine Lichtinsel. Sonne erwärmte die Humusschicht, und auch hier konnten nun Gräser und Kräuter eine seltene Gelegenheit finden, zumindest zeitweise Fuß zu fassen. Von diesen grünen Fleckchen lebten die Rehe, zumindest so lange, bis der Mensch auf den Plan trat. Er wandelte die Landschaft bis zum heutigen Tag so um, dass der Wald inzwischen nur noch aus Lichtinseln besteht. Jede Durchforstung ahmt im Prinzip einen Sommertornado nach, schafft durch die Fällung vieler Bäume Wärme und Sonnenschein am Boden. Die Wirkung ist landauf, landab zu besichtigen. Während halbwegs intakte alte Laubwälder im ewigen Dämmerlicht der unteren Etage auch im Sommer meist laubbraun erscheinen, ist der Grund unter Bäumen aufgelockerter Wirtschaftswälder überbordend grün. Brombeer- und Himbeersträucher, Gräser und Haselnussbüsche, hier wuchert allerlei, was in einem ursprünglichen Wald kaum eine Chance hätte.

Die Bodenpflanzen sind ein gefundenes Fressen für Rehe und Hirsche, und zwar im Wortsinne. Sie schlagen sich den

Pansen voll mit diesen ehemals seltenen Delikatessen, die sich durch die moderne Forstwirtschaft allerdings inzwischen zur langweiligen Alltagsnahrung gewandelt haben. Vor allem immergrüne Gewächse wie die Brombeere spielen eine wichtige Rolle für die Population der Pflanzenfresser. Im Februar und März bieten Wälder normalerweise so wenig Nahrung, dass viele Tiere verhungern. Was brutal klingt, ist ein natürlicher Regulationsfaktor, der die Bestände wieder in Einklang mit dem Nahrungsangebot bringt. Dieser Regulierungsfaktor ist variabel. Hängen beispielsweise Buchen und Eichen im Herbst voller Früchte, so ist der Winter für etliche Tierarten gesichert. Die öl- und stärkehaltigen Samen liefern den Tieren genügend Kalorien, um sich bis ins nächste Frühjahr retten zu können. In Jahren ohne Bucheckern und Eicheln ist dagegen Schmalhans Küchenmeister. Durch die moderne Forstwirtschaft in Kombination mit der Winterfütterung durch Jäger gibt es diese Engpasszeiten jedoch kaum noch. Viele Waldbestände sind mittlerweile flächendeckend mit Brombeerbüschen überzogen, die immer einen Snack an grünen Blättern zu bieten haben, selbst bei heftiger Schneelage. In der aktuellen Situation trifft also ein hoher Wildbestand auf die Problemsituation der zusammenbrechenden Nadelbaumplantagen.

Die meisten Forstbetriebe schlagen die abgestorbenen Wälder kahl, wodurch sich das Erdreich im Sonnenschein ganz besonders stark aufheizt. Pilze und Bakterien laufen zur Höchstform auf und bauen Äste, Nadeln und Humus in Windeseile ab. Innerhalb weniger Jahre werden so gewaltige Mengen an Stickstoff und anderen Nährstoffen frei, was dazu führt, dass Kräuter und Sträucher regelrecht explodieren. Die dermaßen gedüngten Pflanzen sind nun besonders nahrhaft, was Rehe und Hirsche geradezu magnetisch anzieht. Die Tiere setzen das Nahrungsangebot in Nachwuchs um; die Populationen steigen in der Folge stark an.

Gepflanzte Bäumchen aus Baumschulen verschärfen die Situation sogar noch. Die kleinen Buchen und Eichen wurden in den Beeten verwöhnt, also künstlich gedüngt und gewässert. Sie kommen nun mit saftigen, prallen Knospen auf die Kahlflächen, die von den Forstbetrieben oft komplett freigeräumt wurden, damit man dort besser arbeiten kann. Prima – so können auch Rehe und Hirsche besser darauf herumlaufen und die akkurat in Reihen gepflanzten Leckerbissen bequem Stück für Stück abbeißen.

Dieses Spiel zwischen Wildbeständen und Kahlflächen konnte ich im Laufe meiner Försterkarriere mehrfach beobachten, damals vor allem ausgelöst durch heftige Stürme. Ob 1990 mit den Orkantiefs Vivian und Wiebke, ob 1999 durch Lothar oder 2007 durch Kyrill, jedes Mal entstanden riesige Freiflächen, die sich in den Folgejahren intensiv begrünten. Der überraschende Effekt in den ersten Jahren ist, dass der Fraß von Rehen und Hirschen an jungen gepflanzten Bäumchen noch nicht so dramatisch ausfällt. Das wundert nicht, weil das Nahrungsangebot gleichzeitig massiv steigt. Aus Sicht des Wildes bewirken umgekippte Plantagen eine enorme Vergrößerung ihrer Weidefläche. Weil es eine Zeit lang dauert, bis die Tiere durch viel Nachwuchs auf diese Situation reagieren, leben sie inzwischen in einem Schlaraffenland. Bei einer derartigen Nahrungsfülle sinkt das Risiko für junge Laubbäume, gefunden und gefressen zu werden.

Erst mit einigen Jahren Verzögerung kippt die Situation. Auf vielen Flächen wachsen junge Bäume empor und verdrängen dabei den Bodenbewuchs. Neben Laubbäumen sind dies vor allem Nadelbäume, was nicht verwundert. Schließlich bestand der frühere Wald auch fast ausschließlich aus Fichten und Kiefern. Im Boden lagerten enorme Mengen an Samen, die nach dem Borkenkäferfraß und Tod der älteren Baumgeneration keimen konnten und nun wieder einen Großteil des künftigen Waldes bilden. Für Rehe und Hirsche sind diese Baumarten mit ihrem Harz und ätherischen Ölen jedoch uninteressant. Die Freiflächen und damit das Nahrungsangebot schrumpfen mit den wachsenden Jungwäldern immer weiter, und die stark gewachsene Wildpopulation ist nun von Hunger bedroht. Jetzt wird jedes verfügbare Pflänzchen angeknabbert, jeder gepflanzte Laubbaum gefunden und abgebissen.

Ist es nun nicht doch sinnvoll, viele Rehe und Hirsche zu schießen, um den neuen Wald zu schützen?

Die Diskussion, die öffentlich genau in diesem Sinne geführt wird, blendet meiner Meinung nach einen wichtigen Faktor aus: die schon zuvor beschriebenen Auflichtungen in den noch halbwegs intakten Wäldern durch den Holzeinschlag. Schon vor zehn Jahren haben dazu in meinem Revier Untersuchungen durch Studierende stattgefunden. Dabei stellte sich heraus, dass ein Buchenreservat, in dem besonders viele alte Bäume standen, kaum durch Wildfraß betroffen war. Im Dämmerlicht der alten Buchen und Eichen wächst ihr Nachwuchs extrem langsam und ist dadurch eigentlich besonders gefährdet. Bis ihr Gipfeltrieb aus der Reichweite eines Rehmauls herausgewachsen ist, können bis zu 100 Jahre vergehen. Doch die Blätter der Buchenkinder sind mangels Sonnenlicht zäh und bitter, somit also nicht schmackhaft. Rehe und Hirsche meiden solch uninteressante Bereiche, weshalb die meisten Jungbuchen überleben.

Nur einen Steinwurf entfernt, auf einer durch Stürme entstandenen Kahlfläche, war der Fraß an jungen Laubbäumen um Größenordnungen ausgeprägter. Hier entwickelte sich so etwas wie ein Wildrestaurant, in das viele Rehe tagaus, tagein hereinspazierten, um sich den Bauch vollzuschlagen. Die Ursache für den sogenannten Verbiss, den schädlichen Fraß an

Bäumchen für die Forstwirtschaft, liegt demnach in der Forstwirtschaft selbst begründet. Verantwortlich gemacht werden aber die Wildtiere – und damit neben dem Klimawandel ein zweiter externer Grund.

Ich habe tatsächlich selbst einmal einen stark erhöhten Abschuss von Rehen, Hirschen und Wildschweinen propagiert und auch durchführen lassen. Sind Sie schockiert? Inzwischen jage ich schon seit vielen Jahren nicht mehr, und das hat seinen Grund in neuerer Forschung und eigener Beobachtung.

Ich hatte damals Sorge um die Wälder, wollte weg von den Fichtenplantagen meines Reviers und hin zu halbwegs natürlichen Laubwäldern. Doch dazu mussten erst einmal junge Laubbäume nachwachsen und groß werden, ein Unterfangen, das stets im Magen der Pflanzenfresser endete. Die von mir betreuten Jagden erhöhten nach zähen Verhandlungen ihren Abschuss auf umgerechnet über 20 Rehe pro Quadratkilometer Wald und hielten diese Abschusszahl für viele Jahre bei. Das ist mehr als das Doppelte des Durchschnitts in Deutschland, und zumindest die kleinen Buchen konnten nun großteils ohne Fraßschäden aufwachsen. Dann aber kamen die Untersuchungen der Studierenden ins Spiel und damit mein Anteil am Fraßdesaster. Hatte ich als Förster mit meinen Durchforstungen nicht auch zur Erhöhung der Wildbestände beigetragen? Ich grübelte monatelang über andere Wege, den Wald und die Wildtiere wieder in Einklang miteinander zu bringen.

Dazu stellte ich folgende Rechnung an: Wenn in den Jagdrevieren meines Forstbezirks mehr als 20 Rehe je Jahr und Quadratkilometer Waldfläche geschossen werden, dann müssen mindestens 40 Rehe dauerhaft vorhanden sein, die Hälfte davon weiblich. Nur so werden in jedem Frühjahr mindestens 20 Kitze geboren, nur so lässt sich ein langjähriger Abschuss von 20 Tieren überhaupt realisieren. Wäre der Grundbestand kleiner, dann würde bei dieser Abschusshöhe der Bestand schnell zusammenbrechen. Das war aber offenbar nicht der Fall.

Meine Eifelheimat kann getrost als durchschnittlich in Bezug auf die Lebensraumqualität von Rehen und Hirschen gesehen werden, weshalb die Situation in meinem Revier als repräsentativ gelten kann. Wenn bundesweit in etwa 40 Rehe je Quadratkilometer Waldfläche vorhanden sind, von deren Nachwuchs aber nur etwa zehn geschossen werden, wo bleiben dann die anderen zehn Kitze? Denn falls Jäger den Wildbestand wirklich regulieren, dann müsste sich dieser bei chronischem Minderabschuss fortlaufend erhöhen. Dass dem nicht so ist, davon können Sie sich bei jedem Waldspaziergang überzeugen.

Was exponentielles Wachstum bedeutet, haben wir alle durch die Corona-Pandemie bitter lernen müssen. Ein solch ungebremstes Wachstum müsste irgendwann dazu führen, dass sich die Rehe gegenseitig auf den Füßen herumstehen. Doch wenn Sie draußen unterwegs sind, bekommen Sie nur mit viel Glück ein großes Wildtier zu sehen. Also noch einmal die Frage: Wo bleiben die zehn Kitze pro Quadratkilometer Wald, die nicht geschossen werden? Einfache Antwort: Sie sterben, wie schon seit Millionen von Jahren, eines natürlichen Todes. Hunger, Krankheiten und Beutegreifer machen ihnen den Garaus. Von Letzteren sind es übrigens häufig Wildschweine und seltener Wölfe, die die Kitze dezimieren. Die Borstentiere suchen mit ihren sensiblen Nasen im Frühjahr systematisch die Wiesen ab, um die im Gras versteckt kauernden kleinen Rehe aufzuspüren und zu fressen.

Merkwürdigerweise sieht auch die Allgemeinheit die Notwendigkeit, Rehe, Hirsche und Wildschweine durch Abschuss im Bestand regulieren zu müssen. Warum sollte das ausgerechnet bei diesen drei Tierarten nicht mehr von selbst funktionieren?

Kein Mensch ruft nach Eingriffen in die Amsel-, Regenwurm- oder Eichhörnchenpopulation. Nein, es sind zufällig die Arten, die schon seit Jahrhunderten aus reinem Vergnügen an der Jagd geschossen werden.

Davon abgesehen versucht man nun schon seit vielen Jahrzehnten, durch ständig steigende Abschüsse das Problem des sogenannten Verbisses, also der Beschädigung junger Bäume durch Pflanzenfresser, in den Griff zu bekommen. Zum Vergleich: Wurden in den 1970er-Jahren noch gut 600 000 Rehe pro Jahr erlegt, so sind es heute über eine Million. Beim Wildschwein, das in Wald und Landwirtschaft Schaden anrichtet, indem es Bucheckern und Feldfrüchte vertilgt, verzehnfachte sich der Abschuss im gleichen Zeitraum.[74] Dennoch wurde das Problem der Wildschäden an angepflanzten Laubbäumen bis heute nicht gelöst.

Es gibt noch einen anderen Grund, warum trotz steigender Abschüsse die Schäden nicht weniger werden: Die Tiere werden genau in die Zonen getrieben, in denen man sie nicht haben möchte. Ein typisches Beispiel sieht so aus: Auf einer Waldschneise steht ein Hochsitz. Er wurde dort platziert, damit die Jägerinnen und Jäger freies Schussfeld haben. Das brauchen sie zum einen, um genau sehen zu können, welches Tier aus dem Wald tritt, zum anderen kann jeder Zweig die abgeschossene Kugel erheblich ablenken und damit den Treffer vereiteln. Auf diesen Schneisen wächst kein Baum, logisch, sondern nur Gras und Kräuter, also bestes Wildfutter. Das möchten sich die Rehe und Hirsche holen, doch sie wissen natürlich, dass hier ein Jäger lauern könnte. Erfahrene Hirschkühe schauen sogar zuerst, ob sich auf dem Sitz jemand mit dem Gewehr im Anschlag befindet, bevor sie sich herauswagen. Im Zweifelsfall warten sie bis zur Dämmerung im dichten Waldbestand, also so lange, bis das Raubtier Mensch nichts mehr sehen kann.

Die Schneise bedeutet Tod und Verheißung zugleich. Und weil Pflanzenfresser fast rund um die Uhr Nahrung zu sich nehmen müssen, versuchen sie tagsüber im Wald verzweifelt, sich irgendetwas als Notlösung einzuverleiben. Statt Gräser und Kräuter werden dann Triebe und Zweige kleiner Bäumchen gefuttert, Hirsche schälen sogar die Rinde von den Stämmchen.

Je intensiver gejagt wird, desto weniger wagen sich die Tiere tagsüber auf Schneisen und Wiesen hinaus und desto größer werden die von ihnen angerichteten Schäden. Verschärft wird das Ganze noch durch Futter, welches Jäger zum Anködern auslegen. Trotz jahrzehntelangen, weitestgehend erfolglosen Bemühens lautet die offizielle Strategie weiterhin: Es muss mehr geschossen werden! Ich erinnere hier gerne noch einmal an die Definition von Wahnsinn, also bei immer gleichem Handeln stets ein anderes Ergebnis zu erwarten.

Kurz zusammengefasst lautet das Fazit, dass sich der Wildbestand gerade durch Forstwirtschaft und Fütterung auf einem sehr hohen Niveau eingependelt hat. Die Futtersituation regelt die Zahl der Rehe und Hirsche, nicht die Jagd.

Die Tatsache, dass die Natur noch immer für eine Selbstregulation sorgt, wirft daher die Frage auf: Ist Jagd nicht grundsätzlich überflüssig? Ich weiß, bei diesem Satz schreien selbst viele Ökoförster entsetzt auf, weil zu ihrem Weltbild ein vielfältiger Wald mit heimischen Bäumen gehört, der sich ihrer Meinung nach nur durch hohe Abschusszahlen verwirklichen lässt. Selbst die großen Umweltverbände sind in diesem Dilemma gefangen und propagieren ebenfalls eine härtere Jagd. Doch wenn diese Strategie ausweislich der steigenden Abschusszahlen und immer noch hohen Wildschäden an den Forstkulturen nicht funktioniert, sollte man endlich etwas Neues wagen.

Ich weiß auch nicht, ob ein Verzicht auf die Jagd wirklich eine Besserung bringt, doch wir sollten es zumindest einmal probieren. Dazu könnte man ein, besser zwei angrenzende Landkreise versuchsweise zu jagdfreien Gebieten erklären. Diese Größe halte ich für erforderlich, weil bei zu kleinen Schutzgebieten ein Rettungsinseleffekt entsteht. Auf diese flüchten die Wildtiere vor den Jägern und verursachen dann in ihrer Ballung noch mehr Schäden. Bei ausreichender Größe hingegen sollte sich ein natürliches Gleichgewicht einstellen, falls die Idee funktioniert.

Damit wäre gleichzeitig auch der zweite große Faktor der angeschwollenen Populationen ausgeschaltet: die Fütterung. Noch immer wird tonnenweise Futter in den Wald gekarrt, um Rehe, Hirsche und Wildschweine im jeweils eigenen Jagdrevier zu halten. Das streiten viele Jäger ab mit dem Hinweis, Fütterungen seien längst verboten. Doch das stimmt nur bedingt, wie ein Blick in Verordnungen zum Thema winterliche Schneelage zeigt (bei der dann doch gefüttert werden darf). Zum anderen trägt das Kind heute einen anderen Namen: Kirrung. Dabei handelt es sich offiziell um Lockfütterungen zum Zwecke des Abschusses.

Unsere Wildtiere haben mittlerweile so eine Angst vor dem Menschen, dass man sie häufig nur noch mit derartigen Tricks erlegen kann. Doch die Futtermittel werden so reichlich ausgebracht, dass der einsetzende zahlreiche Nachwuchs bei Wildschwein und Co. die Jäger überfordert. Bei einer Abschaffung der Jagd wäre diese Handlungsweise obsolet.

Es gibt ganz unbestreitbar Schäden an Forstkulturen und sogar an ausgewachsenen Bäumen, denen Hirsche die Rinde vom Stamm fressen. Diese Schäden führen zu verringertem Wuchs und vor allem zu deutlich verschlechterten Holzqualitäten. Das genau ist der Punkt: Es geht bei den großen Pflanzenfressern um wirtschaftliche Schäden, nicht um Schäden in der

Natur. Als solche werden sie aber gerne deklariert, damit die Akzeptanz der großen Hatz gesteigert wird. Während wir alle gegen die Jagd auf große Meeressäuger auf die Barrikaden gehen, ist der millionenfache Abschuss großer, wunderschöner Tiere öffentlich kaum ein Thema.

Die Forstwirtschaft sollte in allen noch bestehenden Wäldern auf die Bremse treten, dieses Gebot der Stunde kristallisiert sich mehr und mehr heraus. Buchen, Eichen und andere Arten haben schließlich in Jahrmillionen gelernt, sich gierige Mäuler vom Leib zu halten. Diese Fähigkeit wird durch die starken Holznutzungen und den Wechsel auf die Plantagenwirtschaft mit ihrer hohen Anfälligkeit für Insekten, Stürme und Trockenheit stark eingeschränkt. Doch noch immer gibt es kein Einsehen. Und wenn es die Patronen nicht richten können, dann kommt vielleicht ein alter Waldschützer zum Zuge – der Wolf.

Der Wolf als Klimaschützer

Zugegeben: Es klingt schon ein wenig an den Haaren herbeigezogen, den Wolf neben seiner Bedeutung als Ikone für den Artenschutz nun auch noch als Held im Kampf gegen den Klimawandel zu stilisieren. Ich mache keinen Hehl daraus, dass ich ihn als wichtigen Bestandteil der Natur erachte und mich wirklich freue, dass er so erfolgreich seine alte Heimat wiederbesiedelt. Die grauen Jäger wurden nicht ausgesetzt, sondern wanderten von allein in ihre alten Heimatregionen zurück, seit sie 1990 unter Schutz gestellt wurden. Die Leistung von Politik und Bevölkerung war eher passiver Natur, sie bestand nämlich ausschließlich darin, diese Rückkehr zuzulassen. Die letzten Wölfe wurden in meiner Eifelheimat Ende des 19. Jahrhunderts erlegt, und damit verschwanden die Beutegreifer auch aus ganz Deutschland. Der Startschuss für die Wiederbesiedlung fiel im Jahr 2000, als in Sachsen ein Wolfspaar den ersten Nachwuchs nach über 100 Jahren zur Welt brachte. Von dort aus breitete sich die Art immer weiter nach Westen aus, während von Südeuropa aus eine langsame Wiederbesiedlung nach Süddeutschland stattfand. Und auch wenn sich hier in der menschenleeren Eifel bis jetzt kaum ein Wolf blicken lässt, kann sich die Zwischenbilanz durchaus sehen lassen: Stand Ende 2020 lebten 128 Rudel, 35 Paare und zehn Einzeltiere in Deutschland, es gab demnach 173 Reviere, in denen im Frühjahr 2020 431 Welpen das Licht der Welt erblickten.[75]

Wölfe fressen überwiegend Fleisch, und zwar in Form von Rehen, Hirschen, Wildschweinen oder auch Haustieren. Risse an Letzteren sorgen immer wieder für Schlagzeilen und bringen den Wolf in Verruf – zu Unrecht. Nach Untersuchungen des Senckenberg-Forschungsinstituts in Görlitz besteht weniger als ein Prozent der Beute aus Nutztieren.[76] Die Debatte um Schaf- oder andere Nutztierhalter möchte ich hier aber gar nicht führen – das habe ich in den Vorgängerbüchern bereits getan. Die Frage ist ja vielmehr, womit Forschende begründen, dass der Wolf uns helfen kann, den Klimawandel in den Griff zu bekommen.

Die naheliegende Antwort ist ganz einfach: Wölfe fressen andere Tiere, und zwar vorwiegend große Pflanzenfresser. Rehe und Hirsche, immerhin über 75 Prozent der Beute, ernähren sich ja rein vegetarisch. Dabei verdauen sie die aufgenommene Vegetation, sprich, ihr Körper zerlegt nennenswerte Anteile des zerkauten Grünzeugs wieder zurück in CO_2 und Wasser. Wo große Pflanzenfresser unterwegs sind, kann sich deshalb weniger Kohlenstoff in lebender oder abgestorbener Vegetation anreichern.

Ob Wölfe wirklich einen nennenswerten Einfluss auf die Bestandshöhe von Rehen und Hirschen haben, darf bezweifelt werden. Dazu müssten sie mehr fressen, als sie rein physisch überhaupt könnten, wie man leicht ausrechnen kann. Ein durchschnittliches Wolfsrevier ist zwischen 100 und 350 Quadratkilometer groß, je nach Höhe der Beutetierpopulation.[77] Nehmen wir einmal den kleineren Wert, also 100 Quadratkilometer. In waldreichen Revieren sollten sich darin je nach Lebensraumqualität 20–70 große Säugetiere (Rehe, Hirsche und Wildschweine) pro Quadratkilometer tummeln, im gesamten Wolfsrevier also 2000–7000. Diese potenziellen Beutetiere bringen jedes Jahr vorsichtig geschätzt 2000 bis 3000 Jungtiere zur Welt. Selbst bei dieser zurückhaltenden Rechnung wird schnell klar, dass das Rudel jeden Tag etliche große Beutetiere reißen müsste, um den Bestand zu dezimieren – solche Vielfraße sind Wölfe aber nicht. Die Zahlen der Wissenschaft belegen dies: Der Anteil der gerissenen Tiere, so Untersuchungen im polnischen Urwald von Białowieża, liegt für Hirsche bei zwölf Prozent, für Wildschweine bei sechs Prozent und für Rehe nur bei drei Prozent des jeweiligen Frühjahrsbestands.[78] Zum Vergleich: Die Reproduktionsrate bei Rehen beträgt rund 50 Prozent. Trotzdem haben Wölfe ganz offenbar einen Einfluss auf die Bestandshöhe. Doch wie soll dieser zustande kommen?

Dieser Frage kann man sich von einer ganz anderen Seite aus nähern: über die Ermittlung der pflanzlichen Biomasse ganzer Kontinente unter verschiedenen Bedingungen. Genau dies untersuchte ein Forscherteam um Selwyn Hoeks von der Radboud Universität Nijmegen. Die Wissenschaftler simulierten in einem Computermodell, wie Landschaften sich verändern, wenn große Raubtiere mit einem Körpergewicht über 21 Kilogramm verschwinden. Das Ergebnis: Es kommt zu einem Anstieg der Pflanzenfresserpopulationen und zu einer deutlichen Abnahme der pflanzlichen Biomasse. Technischer ausgedrückt und auf Treibhausgase bezogen bedeutet dies, dass die Fähigkeit der Ökosysteme, Klimagase zu speichern, ohne große Beutegreifer signifikant abnimmt.

In Deutschland ist der Wolf zwar ein prominentes Beispiel, aber bei Weitem nicht der Einzige im Klub der schweren Beutegreifer: Luchs und Braunbär würden das Trio gerne vervollständigen, wenn sie denn nur dürften. Zwar gibt es zumindest einige Gebiete wie den Bayerischen Wald oder den Harz, wo die großen Katzen mit den Pinselohren umherstreifen. Insgesamt aber sind das winzige Ausnahmen, weshalb die Wildpopulationen durch Luchse grundsätzlich nicht beeinflusst werden, ganz zu schweigen von den nicht vorhandenen Braunbären. Und selbst die Wölfe haben ja bei Weitem noch nicht alle für sie geeigneten Gebiete besetzt. Bis es vielleicht eines Tages doch wieder so weit ist, dass Großraubtiere flächig eine Rolle spielen, müssen eben Simulationen reichen. Und was die Forschenden dabei herausgefunden haben, hat es in sich!

Die Beseitigung von großen Raubtieren führt gemäß dieser Untersuchungen zu erheblichen Veränderungen in den jeweiligen Ökosystemen. Eine ist das verstärkte Auftreten von Krankheiten, die dämpfend auf die Zahl der Rehe, Hirsche und anderer großer Säugetiere wirken. Je häufiger die Kontakte untereinander, desto schneller verbreiten sich die Erreger, eine Erfahrung, die unsere eigene Art mit dem Coronavirus auch leidvoll machen musste. Dennoch verringert sich die Masse der Pflanzen, und nicht nur die. Auch die Stabilität der Ökosysteme, die gerade in Zeiten des Klimawandels ohnehin schon leidet, gerät durch das Fehlen der großen Beutegreifer durcheinander.

Die Zahl der kleineren Beutegreifer, wie etwa Kojoten oder Füchse, nimmt zum Beispiel zu, was nicht verwundert; schließlich werden sie normalerweise ebenfalls von Wolf und Co. gejagt. Fehlt der Wolf, dann geht es auch den großen Allesfressern wie den Bären schlecht: Ihre Zahl nimmt parallel zum Wolf ab. Das kann den Autoren der Studie zufolge daran liegen, dass ihnen das anschwellende Heer der kleineren Fleischfresser viel von ihrer tierischen Beute streitig macht (wie etwa Aas). Gleichzeitig dezimiert die massiv zunehmende Zahl der großen Pflanzenfresser die vegetarischen Grundlagen der Bären. Diese Auswirkungen sind in Gebieten mit großen jahreszeitlichen Schwankungen, wie etwa in Mitteleuropa, weniger stark ausgeprägt. Der Grund: Hier ist der Winter der begrenzende Faktor, in dem die Vegetation kaum noch etwas zu bieten hat, sodass die Zahl der Pflanzenfresser nicht über ein gewisses Maß hinauswachsen kann.[79]

Und nun kommt wieder die Forstwirtschaft ins Spiel: Die

Brombeeren und anderes attraktives Winterfutter, welches durch die starken Auflichtungen der bewirtschafteten Wälder zur Verfügung steht, hebt die Wildbestände deutlich über das natürliche Maß hinaus an. Unter solchen Umständen kann selbst die Rückkehr der Wölfe das natürliche Gleichgewicht nicht mehr herstellen. Umgekehrt wird aber auch deutlich: Eine Reduktion des Holzeinschlags, eine Ausweitung der Waldfläche und eine Einstellung der Wildfütterung durch Jäger können erst dann ihre volle Wirkung entfalten, wenn große Beutegreifer mitspielen dürfen. Wenn es dazu tatsächlich eines Tages kommen sollte (und nichts spricht dagegen), dann wird Jagd nicht nur überflüssig, sondern praktisch nicht mehr möglich. Natürliche Wilddichten betragen nur ein Zehntel dessen, was die heutigen Kulturlandschaften aufweisen. Unter solchen Umständen kämen Jäger kaum mehr zu Schuss, weil die Sichtbarkeit des Wildes überproportional zu seiner abnehmenden Dichte sinkt.

Wir können es drehen und wenden, wie wir wollen, das Ergebnis ist immer dasselbe: Wir müssen den Nutzungsdruck auf die Natur senken, müssen den Wald verstärkt sich selbst überlassen und sowohl Forstwirtschaft als auch Jagd zurücknehmen.

Doch die aktuelle politische Lösung für den Klimaschutz lautet: Nutzt noch mehr Holz!

Holz – wirklich total öko?

Holz galt lange Zeit als Ökorohstoff. Wenn man einen Baum fällt und ihn im Ofen verbrennt, wird CO_2 freigesetzt. Doch an der Stelle des alten wächst bei nachhaltiger Forstwirtschaft ein neuer Baum nach. Er wird größer und größer und nimmt dabei wieder jenes Klimagas auf, welches der Vorgänger bei der Verbrennung freisetzte – ein klassischer Kreislauf. Somit ist Holz ein nahezu klimaneutraler Brennstoff, wie die staatlichen Forstverwaltungen im Chor mit der Forstindustrie nicht müde werden zu beteuern.[80] Und es kommt von den amtlichen Waldnutzern ein weiteres Argument hinzu: Sterben die Bäume nicht eines Tages ohnehin von alleine ab und verrotten dann nutzlos im Wald? Verrotten heißt ja nichts anderes, als dass Kleinstlebewesen den Baumkadaver auffressen und dabei jenes CO_2 ausatmen, das der Riese im Laufe seines Lebens gespeichert hatte. Ob man das Holz verheizt oder diesen Knilchen überlässt, sollte demnach für das Klima keine Rolle spielen. Also kann man die Bäume immer dann, wenn sie für eine Verwertung dick genug sind, abholzen und entsprechend Setzlinge nachpflanzen. So bleibt der Kreislauf des Werdens und Vergehens erhalten, und die Menschheit gewinnt obendrein einen klimaneutralen Rohstoff. Man zweigt eigentlich nur das ab, was ohnehin überflüssig ist.

Diese Rechnung ist leider komplett falsch. Natürlich klingt es logisch, dass ein Baum nicht mehr CO_2 bei der Verbrennung freisetzen kann, als er während der Wachstumsphase aufgenommen hat. Doch dieses CO_2 wäre ja im Baum in Form von Kohlenstoff gespeichert geblieben, hätte man ihn nicht gefällt.

Mehr noch: Dieser Baum wäre weiter gewachsen, hätte weiterhin Kohlenstoff eingelagert, und das sogar mit steigendem Tempo. Gerade ältere Bäume speichern besonders viel Klimagase, was Sie schon allein mit einem Blick auf die Jahresringe eines Stammes sehen können. Jedes Jahr wächst ein neuer Ring zwischen Rinde und Stamm und lässt diesen immer dicker werden. Die Breite der neuen Ringe nimmt mit dem Alter kaum ab, der Durchmesser dagegen ständig zu. Und weil der Durchmesserzuwachs das Volumen exponentiell steigen lässt, nimmt auch die Kohlenstoffspeicherung entsprechend zu. Dieses sich ständig steigernde Wachstum lässt erst weit jenseits des üblichen Erntealters (das liegt zwischen 80 und 150 Jahren) nach. Hans Pretzsch von der Technischen Universität München fand heraus, dass Eichen und Buchen erst ab dem stattlichen Alter von deutlich über 450 Jahren langsam ein wenig nachlassen.[81]

Ein großer Baum speichert auf seinen bis zu 50 Metern Länge zudem ganz andere Mengen Kohlenstoff in Form von Holz als viele dünne kleine, die auf der gleichen Fläche Platz hätten. Große Bäume gibt es aber kaum noch in den Wäldern, egal ob in Kanada oder Europa. Durch die ständigen Abholzungen und Neupflanzungen ist der Durchschnittsbaum etwa in Deutschland nur noch 77 Jahre alt.[82] Dabei können unsere heimischen Arten durchaus 500 Jahre und älter werden. Im Klartext: Bis es zu dem von der Forstindustrie behaupteten natürlichen Kreislauf von Werden und Vergehen kommt, verstreichen von heute an noch rund 400 Jahre, in denen der Wald immer weiter Treibhausgase einlagert. Jeder Stamm, der vorher gefällt wird, unterbricht diesen Speichervorgang, und nicht nur das: Durch Holzernte ramponierte Wälder können nicht mehr so stark kühlen und auch weniger Regen erzeugen, wie wir anhand der Forschungen von Pierre Ibisch bereits gesehen haben. Zudem werden Bäume in bewirtschafteten Wäldern nicht mehr so alt. Nur wenn sie in ihrer Jugend langsam im Schatten ihrer Mutterbäume wachsen (und wir wissen, diese Jugend kann Jahrhunderte dauern), sind 400–600 Jahre Lebensspanne möglich. Dieser Schatten wird jedoch durch die Fällung der Mutterbäume genommen. Im prallen Sonnenlicht wachsen die Jungbäume schnell heran und verausgaben dabei rasch ihre Lebensenergie. So ist in bewirtschafteten Wäldern für die alten Bäume spätestens nach 200–250 Jahren Schluss, selbst wenn sie von der Holzernte verschont bleiben.

Wie alt Buchen in Extremfällen werden können, untersuchten italienische Wissenschaftlerinnen und Wissenschaftler im Pollino-Nationalpark. Im Süden Italiens (kurz vor der Stiefelspitze) umfasst er knapp 2000 Quadratkilometer Fläche und ist damit eines der größten Schutzgebiete Europas. Hier wachsen unter anderem auch Buchenurwälder und stehen die ältesten Exemplare dieser Baumart. Anhand von Jahrringzählungen kamen die Forscher bei der ältesten Buche namens Michele auf 622 Jahre. Da aber das Innere des Stamms bereits ausgefault war, fehlte ein Teil der ältesten Ringe. Mit diesen schätzte das Team das Alter von Michele auf 725 Jahre.[83] Das macht selbst mich sprachlos, sind doch die ältesten Buchen, die ich bisher gesehen habe, kaum über 300 Jahre alt.

Nun sind die Verhältnisse im Pollino-Nationalpark besonders karg, und unter solchen Umständen wachsen Bäume asketisch langsam – das kann das hohe Alter erklären. Andererseits gibt es auch aus anderen Urwaldregionen mit besseren Wuchsbedingungen entsprechende Meldungen. Aus Erzählungen örtlicher Umweltschützer weiß ich, dass in den rumänischen Karpaten in einem unzugänglichen Seitental Buchen zu finden sind, die 550 Jahre alt sind und noch voll im Saft stehen. Ein Alter jenseits der 300 Jahre sollte also auch bei uns in Mitteleuropa für Buchen möglich sein, wenn sie ein wildes, ungestörtes Leben führen dürfen. Es schmerzt mich, wenn ich daran denke, dass in Ländern wie Deutschland, das einst zum Zentrum der globalen Verbreitung von Buchenurwäldern zählte, heute kein einziger wirklich alter Baum in den Wäldern zu finden ist.

Doch zurück zur Kohlenstoffspeicherung. Wenn klar ist, dass alte Bäume den Kohlenstoff über Jahrhunderte hinweg konservieren, dabei sogar bis zum Alter von 450 Jahren laufend an Tempo zulegen, dann kann die Devise nur lauten, Bäume unbedingt alt werden zu lassen. Eine Schwächung durch Forstwirtschaft verbietet sich in dieser Hinsicht eindeutig. Die Frage, woher das Holz denn sonst kommen solle, werden wir im nächsten Kapitel beleuchten.

Seitens der Holzerzeuger gibt es allerdings noch einen anderen Erklärungsversuch, warum Holz eben doch etwas zum Klimaschutz beitragen könne: Viele Holzprodukte seien doch sehr langlebig. Wenn man das CO_2 in Form von Holzhäusern oder Möbeln speichert, kann man gleichzeitig im Wald neue Bäume heranwachsen lassen, die ebenfalls CO_2 einlagern. In Summe kann man also ein Mehrfaches des Klimagases speichern als ein natürlicher, ungenutzter Wald. Bei dem würden nämlich abgestorbene Bäume verrotten und das gespeicherte CO_2 wieder freigesetzt – das Argument kennen Sie schon. Und weil jeden Baum dieses Schicksal eines Tages ereilt, bleibt ein wilder Wald in diesem für weitere Klimaleistungen fast wertlosen Kreislauf gefangen. Eine Bewirtschaftung möglichst aller Wälder ist mit solchen Argumenten also zwingend geboten.

Holz ist wirklich ein wunderbarer Rohstoff, und ich liebe daraus hergestellte Produkte. Mein Schreibtisch zum Beispiel ist aus einer alten, abgestorbenen Ulme gefertigt, in deren Holz man hier und da noch ein paar Einbohrlöcher der Käfer sieht, die ihr den Garaus gemacht haben. Der Schreiner hat die

Tischplatte so gebürstet, dass ich die Jahresringe fühlen kann. Das mache ich auch ab und zu, wenn ich an einem neuen Text sitze und mich meinen Gedanken hingebe. Die Berührung schafft eine Art Naturverbundenheit, und trotzdem sind es im Prinzip Baumknochen, an denen ich mich erfreue. Ich nutze sie nicht, um dem Klima zu helfen, sondern um mich wohlzufühlen. Es gibt – und das muss man einmal ganz klar feststellen – keine einzige Form der Rohstoffgewinnung, die der Natur guttut. Es gibt höchstens mehr oder auch weniger schädliche Formen solcher Nutzungen. Stellen Sie sich einmal vor, Ihre Bäckerin verkaufte Ihnen Sonntagsbrötchen mit dem Hinweis, das Essen dieser Backwaren sei angewandter Klimaschutz. Das klingt merkwürdig, oder? Exakt so verhalten sich Forstverwaltungen bei der Anpreisung ihrer Ware. Beides entspricht nicht der Wahrheit und ist unnötig. Wenn wir echte Bedürfnisse haben, ist es legitim, Bäume zu nutzen, solange wir das Ökosystem dabei nicht massiv beeinträchtigen. Diese Grenze haben wir allerdings schon lange überschritten.

Doch zurück zu dem Argument, langlebige Holzprodukte könnten CO_2 besser speichern als der Wald. Selbst wenn alles Holz zu solch langlebigen Produkten verarbeitet würde, käme das CO_2 doch spätestens nach ein paar Jahrzehnten wieder an die frische Luft. Wie lange solche Produkte tatsächlich halten, hat Professor Arno Frühwald von der Universität Hamburg zusammengestellt. Billigmöbel schaffen zehn Jahre, Bücher immerhin 25 Jahre, und Holz im Hausbau (zum Beispiel für Dachstühle) 75 Jahre. Im Durchschnitt sind es über alle Produktarten 33 Jahre, und das ist für eine angeblich lange CO_2-Speicherung kein besonders langer Zeitraum.[84] In einem unberührten Wald wäre das Klimagas in den Bäumen noch für Jahrhunderte gefangen gewesen, und verarbeitetes Holz kühlt keine Landschaft mehr und sorgt auch nicht für mehr Regen.

Es kommt aber noch besser (oder eher schlechter): Der größte Teil des Holzes ist gar nicht zur Weiterverarbeitung vorgesehen, sondern wird in Öfen oder Kraftwerken verheizt. Mit über 60 Millionen Kubikmetern entspricht die Menge der verbrannten Bäume dem gesamten jährlichen Holzeinschlag Deutschlands.[85] Noch einmal die gleiche Größenordnung wird für andere Verwendungszwecke wie etwa den Hausbau oder die Papierherstellung benötigt, sodass neben Altholz und Recycling als weitere Rohstoffquellen für die fehlende Menge nur noch der Import bleibt. Und es wird noch eine Schippe draufgelegt: Schon schickt sich Deutschland an, es anderen Ländern Europas nachzumachen und große Kohlekraftwerke auf Holzbefeuerung umzustellen. So überlegt der Betreiber des Kohlekraftwerks Wilhelmshaven die Umstellung auf Pellets, kleine Holzpresslinge. Der Gesamtverbrauch beträgt allein für dieses Kraftwerk knapp drei Millionen Tonnen[86] – das entspricht sechs Millionen Bäumen pro Jahr.

Dabei warnten schon 2018 rund 800 Wissenschaftlerinnen und Wissenschaftler das EU-Parlament vor der Förderung von Holzverbrennung in Kraftwerken mit dem Hinweis, diese klimaschädliche Richtlinie sei ein schlechtes Beispiel für den Rest der Welt.[87] Selbst das bundeseigene Thünen-Institut, das dem bisher konservativen Landwirtschaftsministerium (Julia Klöckner lässt grüßen) untersteht, kommt zu ähnlichen Schlüssen: Wälder unter Schutz zu stellen und kein Holz mehr einzuschlagen ist das Beste für das Klima.[88] Egal, die Ministerien feuern über ihre Forstbehörden den Verbrennungsboom weiter an.

Die Forstwirtschaft mit ihrer Holznutzung sorgt auch indirekt für eine Reduzierung der Kohlenstoffspeicherung im Wald. Momentan lässt sich dieser Sachverhalt besonders leicht überprüfen: Überall dort, wo Sie Kahlschläge sehen, entweichen pro Hektar je nach Baumart bis zu 50 000 Tonnen CO_2

aus dem Boden in die Atmosphäre. Kahlschläge in der aktuellen Größenordnung sind zwar gesetzlich verboten, werden aber infolge von Borkenkäferattacken oder Stürmen und Abermillionen absterbenden Bäumen dennoch hektisch durchgeführt. Die Ursache liegt in dem früheren Bemühen, durch labile Plantagen mit raschwüchsigen Fichten und Kiefern möglichst schnell möglichst viel Holz für die Industrie zu erzeugen. Mit solchen Wäldern kann man also langfristig kaum Kohlenstoff speichern, und der Zeitpunkt, wann dieser Speicher geleert wird, wird immer häufiger durch Katastrophen vorgegeben und nicht durch den Förster. Dauerhafte Kohlenstoffspeicherung im Wald und eine intensive Holznutzung schließen sich also gegenseitig aus. Und das ist erst die eine Hälfte der Wahrheit.

Um die Kohlenstoffkreisläufe des Waldes zu verstehen, sollten wir in den Boden schauen. Hier spielen sich Vorgänge ab, die erst ansatzweise verstanden sind und doch in Bezug auf den Klimawandel ihre ganz eigene Dynamik entfalten. Böden sind generell die größten Kohlenstoffspeicher an Land; sie speichern mehr als die gesamte Vegetation und die Atmosphäre zusammen.[89]

Beim Waldboden herrschen besondere Bedingungen: Er ist wie ein riesiger Kühlschrank. Im Schatten der Baumriesen wird es im Sommer nicht so warm, weshalb das Bodenleben vergleichsweise träge abläuft. So träge, dass sich mehr und mehr Kohlenstoffansammlungen in Form von dicken Humusschichten bilden können. Wird die schützende Baumschicht gefällt und entfernt, dann heizt sich der Boden auf. Nun laufen Bakterien und Pilze zur Höchstform auf und vertilgen zusammen mit vielen Bodentierchen das braune Gold. Innerhalb weniger Jahre verschwindet ein großer Teil der wertvollen Schicht, und verschwinden heißt: Der Kohlenstoff wird in Form von CO_2 in die Atmosphäre entlassen. Diese Effekte, die auf die Forstwirtschaft zurückzuführen sind, schlagen sich auch in der Statistik nieder. In den aufgelichteten Wäldern Deutschlands weisen die Böden im Durchschnitt nur noch zwei bis acht Prozent Humus auf. Da kann jede Wiese locker mithalten: Grasland, normalerweise jedem Wald in Bezug auf Humus unterlegen, kommt im Schnitt auf vier bis 15 Prozent.[90]

Große Bäume spielen hinsichtlich des Bodenkohlenstoffs offenbar eine ganz besondere Rolle, wie ein Team um den australischen Forscher Christopher Dean herausfand. Sie beschützen den Kohlenstoff regelrecht, und zwar so gut, dass er bisher zumindest teilweise übersehen wurde. Wenn nach Bodenkohlenstoff geforscht wird, dann macht man das normalerweise zwischen den Bäumen – logisch. Unter den Bäumen kann man nur mit hohem Aufwand Proben entnehmen, sodass sich das bequemer zwischen den Stämmen erledigen lässt. Doch speziell unter alten, über ein Meter dicken Exemplaren in einem Eukalyptusurwald fanden die Wissenschaftler rund viermal so viel Bodenkohlenstoff wie in den Zwischenfeldern. Mit diesen Ergebnissen ist klar, dass die Umwandlung von Urwäldern in Baumplantagen mit dünneren Bäumen zu viel höheren Kohlenstoffverlusten im Boden geführt haben muss als bisher angenommen.[91]

Sind diese Resultate wohl auch auf andere Regionen, wie zum Beispiel unsere heimischen Buchenwälder, übertragbar? Ich denke schon, denn dass unter alten Bäumen besonders viel Kohlenstoff im Boden eingelagert ist, verwundert nicht. Hier herrscht jahrhundertelang absolute Dunkelheit, hier gibt es keine Erosion oder größere Tiere, die den Boden aufwühlen. Zudem zersetzen sich gewaltige Bäume im Inneren, weil ihr Kernholz nicht mehr gebraucht wird. Pilze und Bakterien dringen durch Wunden oder über abgestorbene Äste ein und machen sich über die inneren Stammteile her. Den Bäumen schadet das häufig nicht, ganz im Gegenteil. Hohl wie ein Ofenrohr vermag der Stamm dennoch die Krone zu tragen. Die Nährstoffe, die das Holz im Inneren gespeichert hatte, werden durch die Selbstkompostierung wieder freigesetzt. Dieser Humus enthält große Mengen an Kohlenstoff, der, vor Hitze und Erosion geschützt, wie in einem gewaltigen Tresor weggeschlossen ist. Wenn der Boden wieder zur alten Höchstform auflaufen, wenn hier ein neues Depot als Ausgleich für unsere Klimasünden zum Leben erwachen soll, dann brauchen wir vor allem eines: alte Wälder. Aber das wissen Sie ja schon …

Wenn wir die Holznutzung richtig bilanzieren wollen, dann müssen wir neben dem CO_2 auch die Effekte auf den Wasserkreislauf und damit die Kühlung einberechnen. Schließlich interessiert uns im Zusammenhang mit dem Klimawandel nicht so sehr die absolute Menge des CO_2 in der Atmosphäre, sondern vielmehr der daraus resultierende Temperaturanstieg und die Änderung der Regenmengen. Auf beides hat Wald einen erheblichen Einfluss, und wenn wir ihn im Sägewerk enden lassen, dann wirkt sich das draußen in der Landschaft aus – sofort. Der Anstieg der Temperaturen auf den Kahlschlägen übertrifft lokal alles, was selbst die schlimmsten Szenarien für die nächsten Jahrzehnte global vorhersagen. Ursache und Wirkung sind nirgends besser zu beobachten und gleichzeitig auch nirgends besser zu beeinflussen.

Dieser Verlust der Kühlwirkung schreibt sich in der Zukunft fort, selbst wenn wieder Bäume nachwachsen. Die zig Tonnen schweren Erntemaschinen verdichten den Boden; im Abstand von 20 Metern durchziehen die Wälder Fahrspuren dieser Monster. Auf einer Fahrbreite von drei bis vier Metern werden unter ihren Reifen die Poren und ein Großteil der Lebewesen zerdrückt. Mancherorts wird der Boden sogar komplett befahren; insgesamt dürften sich die Schäden an Waldböden in

Deutschland mittlerweile auf über 50 Prozent der Fläche belaufen. Diese Schäden regenerieren sich auch nach Jahrtausenden nicht. So sind in den Wäldern der Eifel noch Fahrspuren aus der Römerzeit zu sehen; der Boden darunter ist bis heute betonhart. Die Wasserspeicherfähigkeit geht drastisch zurück, die Winterniederschläge laufen mit den Bächen ins Tal und verursachen dort Hochwässer, anstatt im Erdreich unter den Bäumen zu versickern und ihnen im Sommer zur Verfügung zu stehen. Der Kühleffekt der Wälder wird so langfristig beeinträchtigt – das Schwitzen der Buchen und Eichen wird bei Wassermangel eingestellt.

Die Aufheizung großer Landschaften im Sommer kann also zumindest teilweise darin begründet sein, dass draußen im Wald schwerste Maschinen den Wasserspeicher im Boden zerstört haben. Diesen indirekten Klimaeffekt muss man der Holznutzung ebenfalls zur Last legen. In Summe ist Holz damit einer der schmutzigsten Rohstoffe überhaupt, so schön die daraus entstehenden Produkte auch sind.

Die Forstwirtschaft sieht das natürlich ganz anders, sie möchte sich die positiven Umweltwirkungen anrechnen lassen, die die Wälder trotz der Zerstörungen noch erbringen. Dazu fordern sie fünf Prozent der 2021 eingeführten CO_2-Abgabe als Förderung für die Waldbesitzenden. Schließlich seien es ihre Wälder, die Treibhausgase einfingen und einen wesentlichen Beitrag zum Klimaschutz leisteten.[92]

Natürlich speichern auch junge Bäume CO_2 und reinigen auch Plantagenwälder das Wasser. Allerdings vermögen sie das in sehr viel geringerem Maße, als dies die ursprünglichen Naturwälder konnten. Um es auf den Punkt zu bringen: Erst schädigt man das Ökosystem in seiner Fähigkeit, CO_2 zu speichern, und dann möchte man genau dafür auch noch Geld erhalten? Eigentlich müssten die Waldbesitzenden dafür zahlen, dass sie dem Wald mehr und mehr die Fähigkeit rauben, uns im Kampf gegen den Klimawandel zu unterstützen. Das aussichtsreichste Instrument dafür ist die CO_2-Steuer, allerdings ganz anders angewandt, als es sich die Forstlobbyisten vorstellen.

Zur Kasse bitte

Sanften Methoden haftet immer ein wenig die Anmutung von Flower-Power an – sieht nett aus, ist aber nicht ernst zu nehmen. So erlebe ich es immer wieder, wenn es um das Thema Pferdeeinsatz geht. Kaltblüter, die Holz aus dem Wald ziehen, schädigen den Boden im Gegensatz zu schweren Maschinen kaum. Hinzu kommt, dass sie gar nicht so viel teurer sind, vor allem, wenn man die Bodenschäden der stählernen Ungetüme mit hinzurechnet. Dennoch gilt das Arbeiten mit Tieren als verträumte Forstromantik, wogegen Erntemaschinen mit Steuerung per Joystick und Computer das Pendant zum Smartphone im Wald sind – avantgardistisch und rationell.

Bei der CO_2-Speicherung gibt es einen analogen Trend: Weg von der Natur, hin zur Technik. Die nennt sich (Abkürzungen müssen sein) CCS – *Carbon Capture and Storage*. Dabei werden Treibhausgase aufwendig eingefangen und gespeichert, um die Atmosphäre zu entlasten. Elon Musk kündigte im Januar 2021 an, für die Erfindung der besten Technologie einen Preis in Höhe von 100 Millionen Dollar zu vergeben.[93] Wenn Bäume könnten, würden sie jetzt schüchtern die Hände beziehungsweise Äste heben und sagen: »Haben wir schon erfunden, allerdings vor über 300 Millionen Jahren. Gilt das auch?«

Um die Leistung der Bäume mit der von moderner Technik zu vergleichen, schauen wir uns zunächst die Technik an. Sie ist noch nicht wesentlich über das Versuchsstadium hinausgekommen, und irgendwie klingt es ja auch ein bisschen verrückt: Da wird erst CO_2 ausgestoßen, um Energie freizusetzen, und dann mit dieser Energie das CO_2 wieder eingefangen, um es aufwendig zu entsorgen. Unterm Strich wird der Energieaufwand um bis zu 40 Prozent erhöht. Und schon lauert das nächste Problem: Wohin mit diesem CO_2?

Die meisten Lösungen sehen eine unterirdische Lagerung vor, etwa in tiefen Gesteinsschichten. Doch dort verbleibt es nach wissenschaftlichen Schätzungen nur zu 65–80 Prozent; der Rest entweicht wieder an die Oberfläche. Auf dem Weg nach oben kann das Gas salziges Grundwasser mitnehmen und dadurch die Böden schädigen.[94] Davon abgesehen sind das Grundwasser und die tiefen Bodenschichten eigene Ökosysteme, die sehr empfindlich reagieren. Vergast man diese mit CO_2, hat das unabsehbare Auswirkungen auf diese Lebensgemeinschaften. Hinzu kommen die enormen Kosten: Projekte wie in Norwegen, wo das Gas in zwei Jahren per Pipeline vier Kilometer unter dem Meeresspiegel eingelagert werden soll, kalkulieren mit 100 €/Tonne.

Die Bäume hingegen erledigen all das völlig risikolos für die Umwelt, und es gibt die anderen Leistungen eines Waldes noch gratis dazu. Buchen, Eichen und andere Arten lagern im Durchschnitt das Äquivalent von zehn Tonnen CO_2 pro Jahr und Hektar ein. Setzt man die Kosten des norwegischen Projekts an, so würde jeder Hektar einen Ertrag von 1000 € pro Jahr generieren. Zum Vergleich: Klassische Forstwirtschaft »erwirtschaftet« momentan rote Zahlen, in besseren Jahren dürfte das Ergebnis kaum 50 € pro Hektar übersteigen. Statt auf komplizierte, risikobehaftete Technik zu setzen, bieten sich hier Bäume als freiwillige ökologische Helfer an – schließlich ist CO_2 für sie ein Grundnahrungsmittel.

Vielleicht klingt das Ganze aber zu einfach oder zu romantisch, um auf diese Lösung zu setzen. Wenn wir den Klimawandel weiter so befeuern wie bisher, dann sterben eines Tages natürlich auch robuste heimische Laubwälder ab und setzen dabei ihre gespeicherten Treibhausgase wieder frei. Doch falls dieser Fall eintreten sollte, falls wir wirklich nicht mehr die Kurve kriegen, dann ist dies nur eines von vielen Problemen – die auftauenden Permafrostböden und abtauenden Polkappen lassen grüßen.

Nein, so weit wollen wir es nicht kommen lassen, und falls wir uns nun tatsächlich endlich für den richtigen Weg entscheiden, haben Bäume als Verbündete noch einen ganz anderen Vorteil: Sie könnten sofort loslegen, wenn wir sie nur ließen. Wie selbst riesige Flächen für neue Wälder geschaffen werden können, zeige ich Ihnen im Kapitel »Was liegt auf Ihrem Teller?«.

Wie könnte eine Umsetzung in der Praxis aussehen? Ein wunderbar einfaches, gerechtes und schnell realisierbares Instrument ist die CO_2-Steuer, die seit 2021 auf fossile Energieträger erhoben wird. Mein Vorschlag: Holz sollte entsprechend seinem Energiewert genauso behandelt werden wie seine schmutzige Verwandtschaft. Die Verbrennung von Holz ist schließlich klimaschädlicher als Kohle, und das schon ohne die Einrechnung des Kühleffekts und der Bedeutung für lokale Regenfälle von natürlichen Wäldern. Eine Unterscheidung in Brennholz und solches, das für Möbel oder Häuserbau verwendet wird, bringt dabei nichts. Wie wir wissen, landet auch dieses als Altholz über kurz oder lang in der Verbrennung.

Das macht die Kalkulation ganz einfach: Ein Kubikmeter Holz entspricht rund einer Tonne CO_2 und sollte exakt so besteuert werden wie eine Tonne CO_2 aus Kohle oder Öl. Das macht diesen Rohstoff teurer und schützt ihn davor, als preiswerte Öko-Alternative in Kraftwerken verheizt zu werden.

Einen echten Wert für die Atmosphäre hat Holz nur, wenn es in Form lebender Bäume im Ökosystem verbleibt. Und hier kommt Teil zwei des Vorschlags zum Tragen: Waldbesitzende, die ihre Wälder ungestört lassen, auf eine Ernte verzichten, müssten im Gegenzug die gleiche Summe ausbezahlt bekommen.

Einmal angenommen, die Politik würde sich auf dieses Besteuerungsmodell einlassen, was würde sich dann für Holzwirtschaft und Wald ändern?

Holzprodukte werden dadurch nicht wesentlich verteuert, weil der größte Teil der Kosten auf die Verarbeitung und nicht auf den Rohstoff entfällt. Zudem werden Anreize geschaffen, Holz noch stärker zu recyceln – Altholz ist ja schon einmal besteuert worden und somit wesentlich billiger. Erheblich verteuern würde sich hingehen die Verfeuerung von Holz. Bei einem Preis von 55 € je Tonne CO_2 würde Brennholz je nach Verarbeitungszustand durchschnittlich 50 Prozent mehr kosten als heute und damit seine Vorteile gegenüber anderen Wärmequellen endgültig einbüßen. Wer nur hin und wieder seinen Kaminofen anfeuert, um ein wenig Behaglichkeit bei einem schönen Glas Wein zu genießen, kann sicher damit leben, dafür einen zusätzlichen Euro als Klimaabgabe zu entrichten. Komplette Heizungsanlagen auf Holz umzustellen würde sich dann natürlich nicht mehr lohnen.

Im Wald vor den Toren der Stadt wäre die Wirkung genau umgekehrt. Hier würde sich die Steuer sofort im Sinne von zusätzlicher Biomasse bemerkbar machen. Sterbende Nadelholzplantagen sollen abgeräumt werden? Wenn das Holz den Markt verstopft und alle Sägewerke ob der Schwemme entnervt abwinken, können sich die Waldbesitzenden entspannt zurücklehnen. Sie bekommen für jeden Kubikmeter, der im Wald verbleibt, ebenfalls 55 €. Langfristig wird der Steuerbetrag eher Richtung 100 € je Tonne gehen, wie es jetzt schon in Schweden der Fall ist und sogar Teile der deutschen Industrie einfordern.[95]

Speziell für Holz könnte die Steuer oder die Entschädigung für Waldbesitzer sogar noch um einiges größer ausfallen. Denn die fossilen Rohstoffe tragen in ihren Lagerstätten ja nichts zur Kühlung oder zu den Regenkreisläufen bei, sondern sind einfach wie in einem Tresor in tiefen Gesteinsschichten weggesperrt und inaktiv. Wald wird in der öffentlichen Diskussion über Klimafolgen hauptsächlich als CO_2-Speicher gesehen, doch es mehren sich die wissenschaftlichen Stimmen, dass der Beitrag zu den Wasserkreisläufen als wesentlich wichtiger einzustufen ist.[96]

Völlig unberücksichtigt bleibt für ungezählte Arten jener Lebensraum, der bei der Verwendung von Wald als Rohstoffquelle für Holz verloren geht. Ich finde es sehr schade, dass solche Überlegungen bei politischen Entscheidungen kaum eine Rolle spielen.

Betrachten wir einmal die CO_2-Steuer als ein Instrument, mit dem möglichst bald Änderungen bewirkt werden können. Doch ist das wirklich so einfach umsetzbar? Entsteht durch eine CO_2-Prämie nicht ein gewaltiger Verwaltungsaufwand? Nicht unbedingt, wenn man es nicht genauer nimmt als unbedingt nötig. Wie wäre es, wenn einfach alle Waldbesitzenden den bundesweiten Durchschnittswert je Jahr und Hektar ausbezahlt bekämen, unabhängig davon, ob sie einen Laubwald oder eine Fichtenplantage ihr Eigen nennen? Sicher, das wäre ein bisschen ungerecht für die, die einen besonders schönen Wald haben. Doch Regelungen müssen einfach und nachvollziehbar sein, sonst gibt es vor allem eines: zu viele Schlupflöcher. Umgekehrt müsste jeder Waldbesitzende zahlen, sobald er Bäume fällen lässt und damit den Kohlenstoffspeicher leert. Wer zu Recht und wer zu Unrecht kassiert, lässt sich wunderbar über Satellitenaufnahmen kontrollieren.

Ich bin davon überzeugt, dass eine CO_2-Steuer zu mehr Waldschutz führen kann. Dabei würde sie den wahren Wert des Waldes für uns Menschen nicht einmal annähernd berücksichtigen.

Wie hoch dieser liegen könnte, hat die Beratungsgesellschaft Boston Consulting Group (eine der größten Unternehmensberatungen der Welt) berechnet. Dabei war es weniger das Holz als vielmehr die Leistungen für den Klimaschutz, die gewaltig zu Buche schlugen. Würde man die Waldwirkungen weltweit durch technische Maßnahmen ersetzen, dann würde das die Wirtschaft mit 150 Billionen Dollar belasten. Zum Vergleich: Sämtliche Aktiengesellschaften der Welt sind nur 87 Billionen Dollar wert.[97]

Das alles spricht für eine starke Reduzierung der Forstwirtschaft, für eine deutliche Drosselung des Holzkonsums. Doch noch hat die Forstindustrie nicht aufgegeben, und just im Moment der größten Not, in Zeiten der rollenden Pandemie, kommt ein besonderes Argument auf den Tisch: das Klopapier.

Das Klopapier-Argument

»Und woher soll dann das Holz kommen?« Ich kann diese Frage nicht mehr hören, denn sie taucht in jeder Diskussion um mehr Waldschutz auf: Wenn wir künftig mehr Rücksicht nehmen und weniger Holz einschlagen sowie mehr Schutzgebiete errichten, würde sich das Holzangebot weiter verknappen. Die logische Folge: Die Menge der Importe würde weiter zunehmen und damit das Holz aus zweifelhaften Quellen. Da wäre es doch viel besser, so viel Holz wie möglich aus deutschen, vorbildlich bewirtschafteten Forsten zu gewinnen und die Fläche der inländischen Schutzgebiete klein zu halten. Doch wie Sie bereits gesehen haben, wird auch das Holz aus heimischen Wäldern unter ökologisch fragwürdigen Bedingungen gewonnen.

Der wirtschaftliche Druck, noch mehr Bäume zu fällen, wächst, weil der Hunger nach Holz ungebremst ansteigt, auch und vor allem in Deutschland. Das ist politisch so gewollt und wird seit vielen Jahren vor allem durch die Forstverwaltungen (die selbst Holz verkaufen) und das Bundeslandwirtschaftsministerium angeheizt. Dieses verkündete 2012 voller Stolz in einer Pressemitteilung, dass der Pro-Kopf-Holzverbrauch seit 1997 um 20 Prozent auf 1,3 Kubikmeter gestiegen sei.[98] Das entspricht 108 Millionen Kubikmeter, doch je nach Quelle liegt der tatsächliche Verbrauch weit darüber und hat inzwischen 120 bis 150 Millionen Kubikmeter erreicht. Ganz genau lässt sich das nicht sagen, weil der Holzeinschlag in Millionen von kleinen Privatwaldparzellen nicht systematisch erfasst wird. Zudem sind die Stoffströme in der Wirtschaft kompliziert, wird im- und exportiert oder wird Altholz verbrannt und Papier recycelt. Klar ist nur, dass wir in etwa doppelt so viel Holz verbrauchen, wie in heimischen Wäldern vor den Dürresommern nachwuchs. Wie viel heute in den Wäldern nachgebildet wird, muss erst noch ermittelt werden – es wird jedenfalls erheblich weniger sein als bisher. Und hier wird das Dilemma besonders deutlich: In dieser Situation einfach weiter Holz zu fällen wie bisher führt bereits kurzfristig zum völligen Kollaps vieler Waldgebiete.

Staatliche Forstverwaltungen, per Gesetz zum Schutz der Wälder verpflichtet, nutzen nun angesichts der selbst herbeigeführten Rohstoffknappheit fragwürdige Argumente, um Schutzgebiete zu verhindern. Folgende Behauptung habe ich besonders häufig gehört: Wenn wir unsere alten Buchenwälder schonen, dann müssen wir das Holz aus dem Ausland importieren, zum Beispiel aus tropischen Urwäldern. Schutzgebiete in Deutschland verhindern also Schutzgebiete in anderen Ländern? Nein, es verhält sich genau umgekehrt: Weil die vorbildliche deutsche Forstwirtschaft behauptet, Wald könne besonders gut durch Nutzung geschützt werden, und deshalb kaum ein Waldgebiet unangetastet lässt, machen es andere Länder genauso, wie etwa aus Rumänien berichtet wird. Wozu braucht man Schutzgebiete, wenn es dem Wald außerhalb solcher Refugien doch viel besser geht? Doch weil mittlerweile selbst Laien klar ist, dass Wald durch das Absägen von Bäumen nicht besser wird, kommt eine besondere Trumpfkarte auf den Tisch: das Klopapier.

Seit der Corona-Pandemie kann Klopapier als Achillesferse der modernen Zivilisation gelten – der Verdacht kam zumindest angesichts der Hamsterkäufe und Engpässe im Frühjahr 2020 auf. Klopapier wird aus Holzfasern hergestellt, vor allem aus Plantagenhölzern wie Fichten, Kiefern oder Eukalyptus. Selbst Birken und Buchen sind geeignet; wichtig ist vor allem eines: Man muss sie fällen und verarbeiten. Waldschutz und

Klopapier schließen sich also aus, so die Botschaft. Und wenn es an Urängste geht, schlägt Klopapier Wald offensichtlich um Längen.

Ersetzen Sie Klopapier wahlweise durch Holz zum Bauen, Möbel oder Bücher (o ja, ich fühle mich auch ertappt), dann ist klar: Wenn wir Wald stärker schonen, dann ist unsere Zivilisation gefährdet. Eine ganze Berufsgruppe von beamteten Waldwächterinnen und Waldwächtern appelliert an unsere Urängste, weil uns die schiere Vernunft längst sagt, dass da etwas nicht stimmt. Kein Mittel scheint zu fragwürdig, um am Althergebrachten festzuhalten. Doch die Forstindustrie übersieht bei allem Plantageneifer völlig, dass sie selbst die Holzmenge auf mittlere Sicht gewaltig drosselt. Wenn die sterbenden Plantagen erst einmal alle abgeräumt und auf dem Holzmarkt verramscht worden sind, ist das rauschende Fest vorbei. Die öden Kahlflächen werden mindestens Jahrzehnte brauchen, bis dort die nächsten Bäume geerntet werden können. Und da allein Deutschland auf über 50 Prozent der Waldfläche naturfernen Nadelholzanbau betreibt, dürfte in den nächsten fünf bis zehn Jahren eine entsprechend große Fläche absterben. Nach der Schadholzschwemme kommt also eine große Holzknappheit – und mit ihr das Heulen und Zähneklappern. Wenn wir hingegen jetzt eine natürliche Regeneration zulassen, entstehen wesentlich stabilere Folgewälder – das nützt langfristig auch der Forstwirtschaft.

Zweifelsfrei brauchen wir auch zukünftig Holz, es ist unser natürlichster Rohstoff. Nur leider ist er längst nicht so ökologisch, wie die meisten gerne glauben würden. Holz wird zudem nicht mehr in den Mengen zur Verfügung stehen, die unsere rohstoffhungrige Gesellschaft aktuell fordert. Das sollten wir uns beim Kauf von Möbeln, Papier und anderen Produkten vor Augen führen und sparsamer mit der Ressource umgehen.

Die Frage nach der Holzversorgung muss künftig ganz anders beantwortet werden als bisher. Immer noch versucht die Forstindustrie, die Wälder an unseren Rohstoffhunger anzupassen. Da dies nun nicht mehr funktioniert, sollten wir den Spieß umdrehen und fragen: Wie viel Holz kann der Wald künftig liefern? Wie stark dürfen wir eingreifen und wie viele Bäume entnehmen, ohne dass dieses wichtige Ökosystem in seinen Funktionen massiv beeinträchtigt wird?

Die Antwort auf diese Frage ist sehr klar: Wir wissen es nicht. Alle Prognosemodelle beruhen darauf, dass das Wachstum der Bäume vorhersagbar ist. Bisher bedienten sich Förster dazu sogenannter Ertragstafeln. Musterplantagen verschiedenster Baumarten und Standorte wurden über viele Jahre hinweg vermessen. Aus den Ergebnissen erstellten Wissenschaftlerinnen und Wissenschaftler Tabellen, in denen jeder Waldbesitzende ablesen konnte, was die eigenen Fichten, Kiefern oder Laubbäume pro Jahr und Hektar an Holz produzierten.

Waren die Baumbestände vermessen, reichten diese Ertragstafeln über viele Jahrzehnte aus, Wälder halbwegs richtig einzuschätzen. Doch um die Jahrtausendwende stellte sich heraus, dass noch viel mehr Holz nachwuchs als gedacht. Zwischen zehn und 30 Prozent betrug die Zunahme. Ursache der Steigerung waren die Abgase aus Verkehr und Landwirtschaft, die Stickstoffverbindungen in die Wälder brachten und diese gewaltig düngten, eine Beeinträchtigung, die sich bis heute nicht gebessert hat. Ist ein schnelles Wachstum eine Beeinträchtigung? Ja, denn Bäume möchten von Natur aus eher langsam wachsen und teilen sich dabei ihre Kräfte sorgfältig ein. Energie wird ja nicht nur für Stamm, Zweige und Blätter gebraucht, sondern auch zur Krankheitsabwehr oder zur Bezahlung der Pilze im Boden, die bei der Nachrichtenübertragung helfen.

Ursprünglich filterten die Bäume von Natur aus maximal 50 Kilogramm Stickstoffverbindungen pro Quadratkilometer und Jahr aus der Luft, ein recht geringer Wert mit entsprechend marginaler Düngewirkung. Dieser Wert stieg durch menschliche Aktivitäten auf bis zu 5000 Kilogramm an, also mehr als das Hundertfache.[99]

Stickstoffverbindungen wirken jedoch wie Doping, wodurch die Bäume über ihre nachhaltigen Grenzen hinauswachsen. Der Holzeinschlag konnte also nach oben angepasst werden, und die Menge, die auf den Markt geworfen wurde, wuchs im Laufe der Jahre stetig an. Doch dieser Traum ist nun ausgeträumt – die Wälder können einfach nicht mehr. Denn steigt der Stickstoffeintrag weiter, dann lässt das Baumwachstum wieder nach. Das Nährstoffgleichgewicht gerät aus dem Lot mit der Folge, dass die Bäume gewissermaßen auf die Bremse treten.[100]

Während der Stickstoffeintrag aus dem Verkehr eher zurückgeht, steigt der Anteil aus der Landwirtschaft weiter an – vor allem wegen der Gülleausbringung und der Gase, die dabei über die Landschaft geweht werden. Sie reichern die Waldböden immer weiter mit dem einst raren natürlichen Düngemittel an. In der Folge verändert sich nicht nur das Baumwachstum, sondern auch die Bodenvegetation. Brennnesseln, Schwarzer Holunder und Brombeeren zeigen an, dass hier wenige Arten eine regelrechte Stickstoffparty feiern – zulasten genügsamerer Spezies und des Baumnachwuchses.

Zur Überdüngung kommt nun der Klimawandelstress hinzu, und jetzt werden die alten Ertragstafeln endgültig unbrauchbar. Denn hohe Temperaturen, verbunden mit lang andauernder Trockenheit, lassen die Bäume nicht nur auf die Bremse treten, sondern wochenlang stillstehen.

Bäume wappnen sich bei Hitze und Trockenheit durch das Schließen der Münder auf der Blattunterseite oder gleich durch den Abwurf der Blätter. In beiden Fällen ist eine Fotosynthese kaum mehr möglich, die Holzproduktion faktisch eingestellt. Kurz und knapp: Selbst bei intakten Wäldern können wir heute nicht mehr seriös sagen, wie viel Holz dort künftig nachwachsen wird. Jeder, der den Holzverbrauch weiter steigern möchte, handelt schlicht und ergreifend verantwortungslos.

Und was ist nun mit dem Klopapier? Abgesehen davon, dass man es gerne als Recyclingpapier kaufen sollte, entwickelt sich auch hier die Zivilisation weiter. So gibt es spezielle Toilettensysteme mit Spülung für den Po und einem eingebauten Föhn. Zugegeben, ich habe das noch nicht ausprobiert, aber wenn unsere Wälder nicht mehr genug Rohstoffe für alle Bedürfnisse liefern können, würde ich persönlich mich für eine neue WC-Technik entscheiden und das Papier lieber für Bücher verwenden.

Doch noch gibt die traditionelle Forstwirtschaft nicht auf. Wenn es draußen bei den Bäumen klemmte, hat Geld es bisher immer richten können, Geld, das der Staat bereitstellt. Je weiter er seine Schatulle dabei öffnet, desto besser, und für den Wald steht sie gerade sperrangelweit auf.

Mehr Geld – weniger Wald

Der Wald stirbt ein zweites Mal. Beim ersten Mal, in den 1980er-Jahren, bedrohte der saure Regen unsere grüne Lunge so sehr, dass ich es mit der Angst zu tun bekam. 1983 hatte ich mit dem Vorpraktikum zum Studium der Forstwirtschaft begonnen, doch ich hatte Zweifel, ob ich den Beruf jemals würde ausüben können. Dokumentationen im Fernsehen zeichneten damals ein extrem düsteres Bild von kahlen Landschaften, die ohne Bäume im tristen Braungrau versanken. Spätestens um das Jahr 2000 sollte es demnach mit großflächigen Wäldern in Europa vorbei sein. Dass doch alles anders kam, ist kein Beleg für ein übertriebenes Katastrophenszenario, ganz im Gegenteil. Die Furcht einflößenden Berichte führten zu massiven politischen Reaktionen, die zum Beispiel die Entschwefelung der Industrieabgase durch technische Maßnahmen zur Folge hatten. Auch der Katalysator für Autos wurde so zum Standard, und der Wald atmete auf. Leider gerät dieser beispiellose Umwelterfolg mehr und mehr in Vergessenheit. Dabei sollten wir uns dringend daran erinnern, was möglich ist, wenn die Bäume gefährdet sind – und damit auch unsere Zukunft.

Das zweite Waldsterben nahm 2018 Fahrt auf. Tausende von Quadratkilometern Fichtenplantagen verloren ihre Nadeln, und schnell war der Begriff Waldsterben 2.0 geboren. Im Unterschied zum ersten aus dem 20. Jahrhundert verläuft dieses nun sehr schnell und damit für alle besonders deutlich. Deutlich deshalb, weil trotz hektischer Bemühungen eine Beseitigung der sichtbaren Symptome nicht mehr gelingt.

Doch der Reihe nach: Beim ersten Waldsterben war nicht nur der Wald, sondern auch die Forstindustrie das Opfer. Denn trotz aller Beeinträchtigungen der Bäume durch die Anpflanzung in Plantagen, trotz schweren Maschineneinsatzes war es die verdreckte Luft aus der Industrie und dem Straßenverkehr, die Blätter und Nadeln verätzte. Zudem zersetzten sich ob der Säurefracht im Regenwasser kleinste Bodenbestandteile, die Tonminerale, die wichtig für die Nährstoffspeicherung im Erdreich sind; ein Schaden, der sich nach menschlichen Maßstäben niemals mehr reparieren lässt. Nicht geschädigt hingegen wurde das Image der Waldhüter; es verfestigte sich in dem Drama eher noch.

Heute sieht die Lage anders aus. Ähnlich ist die Bedrohung von außen, also von überregionalen Änderungen in der Umwelt, die die Wälder absterben lassen. Ein auffälliger Unterschied ist jedoch, dass es zuerst und mit besonderer Wucht Plantagen trifft, Plantagen, die aus nicht heimischen Baumarten wie Fichten oder Kiefern bestehen. Buchen und Eichen erwischt es dort, wo der Wald stark aufgelichtet (oder ausgeplündert) wurde. Laubbäume in intakten, großen Reservaten sind dagegen auffallend widerstandsfähig.

Der Vergleich der verschiedenen Wälder zeigt, dass die tieferliegende Ursache die Schwächung der Ökosysteme durch konventionelle Forstwirtschaft ist. Der Klimawandel bringt ein System ins Kippen, das schon vorher auf tönernen Füßen stand. Da hilft es auch nichts, dass sich manch einer aus der Branche der Mini-Bewegung »Foresters4Future« anschließt, eine dreiste Kopie der jugendlichen »Fridays-for-Future«-Bewegung. Um den Hilfsreflex in der Bevölkerung auszulösen, wird von den eigentlichen Verursachern der Katastrophenfall ausgerufen.

Doch streng genommen stirbt nicht der Wald, sondern es sterben »nur« Bäume. Das Ökosystem an sich funktioniert ja noch, wie die Brandflächen in Treuenbrietzen beweisen. Überall dort, wo man jetzt nicht eingreift, reagiert der Wald intakt und stark, indem er sofort neue Bäume wachsen lässt. Nur dort, wo alles abgeräumt wird, wo sich der Boden in der prallen Sommersonne aufheizt, das Erdreich platt gefahren ist und kaum noch Humus vorkommt, da stirbt der Wald tatsächlich. Und der staatliche Geldsegen, der nun auf diese Kahlschläge herabregnet, verhindert leider, dass die verantwortlichen Akteure von ihrem Tun ablassen. Weil ihrer Meinung nach die Natur richtigen Wald nicht mehr hinbekommt, sondern das ausschließlich die Forstverwaltungen vermögen, ist klar, dass diese angesichts der riesigen Kahlflächen finanziell gestärkt werden müssen.

Da lautet die Frage an die Öffentlichkeit: Wie sollen wir bloß die gewaltige Aufgabe, gesunde und widerstandsfähige Wälder zurückzubekommen, bewältigen?

Die Geldsummen der Bundesregierung, die allein 2020 über 500 Millionen Euro zur Verfügung stellte,[101] sind nur ein Tropfen auf den heißen Stein und werden bei Weitem nicht ausreichen, so die Forstindustrie. Ist das wirklich so? Oder ist es womöglich umgekehrt genau der Tropfen, der das Fass sogar zum Überlaufen bringt? Denn die großen Summen, die nun fließen, sollen vor allem den Aufforstungen zugutekommen, sprich: der Anlage neuer Plantagen. Dass sich so etwas wirtschaftlich nicht lohnt, sondern ganz im Gegenteil eine Verbrennungsaktion von Fördergeldern ist, haben wir schon am Beispiel der Waldbrandgebiete von Treuenbrietzen gesehen. Nein, die Abermillionen Euro stützen nur ein marodes, naturfernes System, welches ohne diese Hilfen zusammenbrechen würde. Und dieses System sorgt durch das starre Festhalten an den Holzäckern dafür, dass auch die neuen Wälder immer labiler werden und umso schneller absterben.

Meiner Meinung nach geht es bei all den Aufforstungsprogrammen noch um etwas ganz anderes. Die Forstverwaltungen versuchen mit hohem Aufwand, das von ihnen mitverursachte Problem optisch verschwinden zu lassen – eine unlösbare Aufgabe, wie Sie angesichts der Größe von Bäumen oder gar der Dimension ganzer Wälder erahnen können. Dabei geht es nicht um eine Täuschung der Öffentlichkeit über das Ausmaß des Versagens einer ganzen Branche, sondern um den Umgang mit der eigenen Schuld. Wer möchte schon mit ansehen, dass das eigene Lebenswerk vertrocknet oder von Insekten aufgefressen wird? Ich kenne aus dem Jahr 1990 Kollegen, die resigniert früher in Pension gegangen sind, nachdem damals mehrere Stürme auf Tausenden Quadratkilometern alle Bäume entwurzelten und das Landschaftsbild für Jahrzehnte veränderten. Auch damals waren es überwiegend Nadelholzplantagen, die man schnellstmöglich abräumte und hinterher rasch aufforstete.

Das Motto lautet aus emotionaler Sicht: Aus den Augen, aus dem Sinn, auch wenn dies so nicht gelingen wird. Es ist keine behördliche Vertuschungsaktion, sondern eine zutiefst menschliche Regung, das sichtbare Übel zu beseitigen oder wenigstens zu mildern. Man könnte das staatliche Eingreifen auch als gigantischen Reparaturversuch auslegen, wohl wissend, dass man Natur nicht reparieren kann. Die Idee dahinter: Man macht einfach reinen Tisch und startet den Wald von null beginnend einfach noch einmal komplett neu. Dazu sucht man sich, wie wir wissen, den passenden Superbaum und bepflanzt den Kahlschlag einfach wieder. Per Definition ist ein solches Desaster dann bereinigt und wieder Wald, wodurch die Angelegenheit schnell als erledigt betrachtet werden darf.

Das Problem: Dieser Totalschaden der deutschen Forstwirtschaft kostet sehr viel Geld, oder nein, richtiger: dessen gewaltsame Beseitigung. Die abgestorbenen Fichten möchte kaum noch ein Sägewerk kaufen, weil sich in den Stämmen in Windeseile Pilze und Insekten ausbreiten, die Farbveränderungen und hässliche Löcher verursachen. Wer will schon Bretter, Möbel oder gar Dachbalken aus solch angemorschtem Holz kaufen? Kein Wunder, dass der Preis rapide gefallen ist und zwischenzeitlich die Kosten für die Fällung, Aufarbeitung und den Transport an den Waldweg überstieg.

Jeder Stamm, der fertig aufgearbeitet aus dem Wald gezogen wurde, ist ein Mahnmal für betriebswirtschaftliches Versagen. Im Wald selbst hätte er Heimat für ungezählte Kleinstlebewesen geboten, hätte Wasser gespeichert und seine Umgebung gekühlt. Nach vielen Jahrzehnten schließlich wäre er zu Humus zerfallen und hätte das Bodenleben noch für Jahrhunderte bereichert. Diese ökologische Sichtweise auf den Wald war und ist den politischen Entscheidungsträgern weitgehend fremd. Wie sonst könnte eine große Aktion zur Räumung des Schadholzes (wie diese wertvolle Biomasse bezeichnet wird) subventioniert werden?

Gehen wir einmal aus dem Wald hinaus und hinein in die Stuben der Forstbetriebe und schauen, was die Holzschwemme dort anrichtet. In einem normalen Jahr werden in Deutschland etwa 28 Millionen Kubikmeter an Fichtenstämmen eingeschlagen.[102] Diese lassen sich relativ gut verkaufen und erzielen, wenn man die Erntekosten abzieht, unterm Strich um die 60 € pro Kubikmeter. Die Sägewerke legen Wert auf absolut frisches Holz, weil dieses im Sommer schon nach wenigen Wochen anfängt zu verderben.

Nach amtlichen Schätzungen sind in den drei Jahren von 2018 bis 2020 178 Millionen Kubikmeter Schadholz angefallen, überwiegend pilz- und käferbefallene Fichte. Da ist es keine große Überraschung, dass der Preis in den Keller rauschte und dort verharrt. Abzüglich der Erntekosten müssen die Waldbesitzenden teilweise nun gehörig dazuzahlen. In einem typischen Reflex schreien sie nach Subventionen, und die fließen reichlich. So gibt es je nach Bundesland und Region bis zu 30 € je Kubikmeter vom Staat dazu[103] – das entspricht oft den kompletten Kosten für die Aufarbeitung der Stämme durch die Waldarbeiter. Somit wird amtlicherseits ein Anreiz geschaffen, wertvolle Biomasse aus dem Wald zu schaffen, die der Holzmarkt eigentlich gar nicht haben will.

Einen einzigen positiven Nebeneffekt hat dieses bizarre Treiben aber doch: Chinesische Aufkäufer sind auf den überschwemmten deutschen Holzmarkt aufmerksam geworden. Dicke Stämme zu Schleuderpreisen – da muss man zugreifen! Und so verlassen Tausende Container die deutschen Seehäfen mit dem Ziel Fernost. Bei einem Telefonat mit Frank Voelker, dem Administrator der Kwiakah First Nation in British Columbia, wurden mir die globalen Auswirkungen der deutschen Schadholzaufarbeitung klar. Frank erzählte mir, dass im Reservat der Ureinwohner monatelang die Motorsägen ruhten – denn so billig kann keine kanadische Kahlschlagsfirma Holz verkaufen. Immerhin konnte also der pazifische Küstenwald eine Zeit lang aufatmen.

Ein großer Teil der Fördergelder dient allerdings nicht der Fällung von Bäumen mit Borkenkäferbefall. Die Hilfsmittel sollen zwar der Wiederbewaldung dienen, werden aber pauschal und ohne Nachweis der Verwendung ausgezahlt. Pro Quadratkilometer beträgt die Summe 10 000 € und mehr – damit ist der Wald in Bezug auf Subventionen und Fehlentwicklungen endgültig auf dem Niveau der konventionellen Landwirtschaft angekommen.[104]

Für den Geldregen hat sich eine der stärksten Lobbyorganisationen der Forstindustrie, die Arbeitsgemeinschaft Deutscher Waldbesitzerverbände (AGDW),[105] bei Bundeslandwirtschaftsministerin Klöckner sehr erfolgreich eingesetzt. Ihr Präsident ist Hans-Georg von der Marwitz, Bundestagsabgeordneter der CDU, der 2021 laut dem Portal abgeordnetenwatch.de auf der

Hitliste der Bundestagsabgeordneten mit den höchsten Nebeneinkünften den zweiten Platz belegte.[106] Die AGDW vertritt die konservative Forstwirtschaft und scheute sich in der Vergangenheit beispielsweise auch nicht, gemeinsam mit Bauernverbänden gegen das Verbot von Insektiziden zu intervenieren.[107]

In der AGDW sind über die Landesverbände nicht nur Privatpersonen, sondern auch kommunale und staatliche Forstbehörden vertreten. Indirekt nehmen also staatliche Behörden über private Vereine verdeckt Einfluss auf die Förderpolitik der Bundesregierung. Die Ausschüttung der Gelder übernimmt im Auftrag des Bundeslandwirtschaftsministeriums wiederum ein privater Verein – die Fachagentur Nachwachsende Rohstoffe. Der Verein wurde 1993 von der Bundesregierung ins Leben gerufen, um unter anderem Förderprojekte zu koordinieren und abzuwickeln. Daneben soll die Agentur aktuelles Fachwissen zum Thema »Nachwachsende Rohstoffe«, also auch zur Energiegewinnung aus Holz, sammeln und zur Verfügung stellen.[108] Pikant: Sie verschweigt auf ihrer Seite hartnäckig, dass Holzverbrennung extrem klimaschädlich ist, sondern bezeichnet das Heizen vielmehr ausdrücklich als CO_2-neutral[109] – entgegen der Meinung einer überwältigenden Zahl von Wissenschaftlerinnen und Wissenschaftlern.

Mitglieder der Agentur sind, wen wundert es, Angehörige des Bundeslandwirtschaftsministeriums, der Holz- und Forstindustrie sowie weiterer staatlicher Einrichtungen.[110] Kurz und knapp: Hier ist meiner Ansicht nach eine Art Selbstbedienungsladen entstanden, der Bedürfnisse formuliert, Mehrheiten anstößt und die Verteilung der beschafften Gelder anschließend auch noch selbst übernimmt – zum Wohle der eigenen Mitglieder.

Dem Wald ist damit nicht im Geringsten geholfen, denn die Zahlung ist an wenige Verpflichtungen gebunden, wie etwa an die Zertifizierung durch das lasche Waldsiegel PEFC. Dieses

Siegel geht kaum über die gesetzlichen Anforderungen hinaus, kostet wenig und erteilt Waldbesitzenden kaum Auflagen.[111] Da wundert es nicht, dass sich die meisten Forstbetriebe Deutschlands dieses Ökomäntelchen umgelegt haben. Jetzt werden sie für den Sprung über diese am Boden liegende Latte reich belohnt. Ob sich die Begünstigten mit den frech »Nachhaltigkeitsprämie« genannten Geldern ein neues Auto kaufen oder das Wohnzimmer renovieren, spielt keine Rolle.[112] Eine kontroverse Diskussion um diese Gelder sollte offenbar vor der Abstimmung im Bundestag vermieden werden. Anders ist es wohl kaum zu erklären, wie diese Waldprämie als Anhängsel an ein zu verabschiedendes »Landwirtschaftserzeugnisse-Schulprogrammgesetz« auftauchte.[113] Hinter dem sperrigen Namen verbirgt sich ein Vorhaben, Obst und Gemüse an Schulkinder zu verteilen. Zu später Stunde im Parlament beraten, leisteten lediglich zwei Abgeordnete von den Grünen und der FDP verbalen Widerstand.

Nicht dass wir uns falsch verstehen: Ich bin absolut dafür, Waldbesitzenden finanziell zu helfen. Doch wir sollten nicht denselben Fehler wie in der Landwirtschaft wiederholen, wo wesentliche Betriebseinnahmen aus Fördergeldern stammen, die nicht an relevante Umweltstandards gebunden sind. Stattdessen sollten Betriebe gefördert werden, die auf die Rückkehr stabiler Ökosysteme setzen und somit eine echte Gegenleistung für die Allgemeinheit bieten.

Auch ohne Subventionen verschärft Geld die Krisensituation im Wald. Der Bereich »Forst« soll, so das Credo vieler Kommunen und Staatsforstverwaltungen, nennenswerte Einnahmen liefern, um das Personal zu finanzieren und auch noch einen hübschen Überschuss in die Kassen zu spülen.

Das funktioniert im Wald nicht ganz so gut wie in der Landwirtschaft, weil regelmäßig Katastrophen wie Borkenkäfer oder Stürme den Holzmarkt durcheinanderwirbeln. Immer dann, wenn viel »Schadholz« auf den Markt kommt, brechen die Preise ein und bringen die Gemeindefinanzen durcheinander. Meist sind die Fichten- und Kiefernplantagen von solchen Ereignissen betroffen, gibt es für die massenhaft gleichzeitig anfallenden Stämme dieser Baumarten kaum noch Käufer. Kein Problem für findige Förster: Sie weichen mit den Erntemaschinen einfach in die alten Laubwälder aus, die oft noch den Klimaveränderungen trotzen. Hier gibt es mächtige Eichen und Buchen, die auf dem Markt nach wie vor gutes Geld erzielen. Der Effekt ist bitter: Ausgerechnet die stabilsten und ökologisch wertvollsten Wälder werden so ebenfalls ramponiert.

Nach den starken Auflichtungen durch Holzeinschlag leiden die Altbäume in der prallen Sonne, die nun ihre Stämme trifft. Gerade die sensible Buche mit ihrer glatten Haut ist dafür bekannt, dass sie sehr leicht Sonnenbrand bekommt. Dann platzt die Rinde ab und legt das empfindliche Holz frei, in dem sich sogleich Pilze und Bakterien ansiedeln. Das Schicksal der Riesen ist damit besiegelt, das Lebensende nach wenigen Jahren erreicht. Gleich einem Schwelbrand breitet sich das Absterben der Laubwälder parallel zu dem Sterben der Plantagen aus, mit einem gewichtigen Unterschied: Die Plantagen sterben durch die Sommerhitze, die alten Laubwälder durch die Motorsäge. Daher ist es dringend notwendig, dass in allen intakten Laubwäldern ein sofortiges Einschlagsverbot angeordnet wird.

Doch es gibt Akteure aus der Wissenschaft, die mit fragwürdigen Mitteln verhindern wollen, dass die Fläche geschützter Wälder wächst.

Der Elfenbeinturm wankt

Tobias war empört. Mein Sohn saß in seinem Büro der Waldakademie, im Hintergrund ein riesiges Bild maigrüner Buchenwälder. Auf dem Monitor dagegen flimmerten die neuesten Zahlen eines wissenschaftlichen Papiers des Max-Planck-Instituts für Biogeochemie in Jena.[114] So mächtig, wie der Name klingt, war bisher auch die Reputation dieser Forschungseinrichtung. Gerade zum Thema Kohlenstoffspeicherung durch Pflanzen hat das Institut schon beeindruckende Studien auf den Weg gebracht, die ich gerne und oft zitiere. Diesmal war aber offenbar etwas faul mit den Zahlen, oder besser: mit dem ganzen Papier. Es stammte vom emeritierten Professor Ernst-Detlef Schulze, der noch einmal für sein altes Institut zur Feder gegriffen und zudem weitere Co-Autoren eingeladen hatte. Einer von ihnen war Professor Hermann Spellmann, zu diesem Zeitpunkt (Februar 2020) Vorsitzender des wissenschaftlichen Beirats für Waldpolitik beim Bundeslandwirtschaftsministerium. Beiden durfte also ein erheblicher Einfluss auf die Waldpolitik der Bundesregierung zugeschrieben werden.

Das Fazit der Wissenschaftler lautete sinngemäß: Für das Klima ist es besser, Bäume zu fällen und für energetische Zwecke zu verbrennen, als den Wald unter Schutz zu stellen. Auch der wissenschaftliche Beirat flankierte diesen Befund mit einem entsprechenden Gutachten.[115] Wie bitte? Denken Sie an den Amazonas und seine Bedeutung für das Klima nicht nur ganz Südamerikas, sondern der gesamten Welt. Denken Sie an die Klimastudien der Hochschule Eberswalde, die den enormen

Kühleffekt alter Laubwälder beschreiben. Schulze selbst hatte 2008 eine viel zitierte Studie in der renommierten Fachzeitschrift *Nature* mitveröffentlicht, in der Wäldern ein hohes Potenzial als Kohlenstoffspeicher zugeschrieben wird.[116] Und nun das!

»Wir schlagen vor, dass die geplante CO_2-Steuer auf die Verbrennung fossiler Brennstoffe dazu eingesetzt werden sollte, die nachhaltige Erzeugung von Holz zu unterstützen, um somit einen größtmöglichen Beitrag zum Klimaschutz zu erreichen«, so Professor Schulze in der Pressemitteilung des Instituts. Im Klartext: Ihm reichte es offenbar nicht, Holzverbrennung wissenschaftlich als klimafreundlich reinzuwaschen, nein, er verlangte zusätzlich einen Bonus aus Steuermitteln obendrauf. Können Sie sich einen Ölscheich vorstellen, der für die Verbrennung von Benzin staatliche Fördergelder anmahnt? Nun ist ein Professor kein Ölscheich, aber ganz so weit hergeholt ist der Vergleich nicht. Herr Schulze ist nämlich in Sachen Waldbewirtschaftung aktiv, und zwar als Geschäftsführer zweier Forstbetriebe in Deutschland. Kritischer sehe ich sein Wirken in Rumänien. Dort ist er ausweislich der Homepage des Max-Planck-Instituts stellvertretender Geschäftsführer eines Forstunternehmens.[117]

In den Karpaten gibt es einige der letzten Buchenurwälder der Erde, denen es ähnlich ergeht wie dem Regenwald am Amazonas: Sie sind zum Spielball der Forstindustrie geworden. Wie in Deutschland werden hier mit allen möglichen Argumenten alte Baumriesen eingeschlagen, als gäbe es kein Morgen. Oft fallen ähnliche Sätze, wie wir sie von Forstverwaltungen in Deutschland, Schweden, Polen und anderen Ländern hören: Es müssten dringend von Borkenkäfern befallene Bäume beseitigt werden, damit sich von diesen »Krankheitsherden« aus nicht der ganze Wald anstecken würde. Konsequenterweise heißen solche Holzeinschläge auch »Sanitärhiebe«.

Diese fallen dann deutlich größer aus als erwartet und bilden oft den Startpunkt weiterer Holzeinschläge in der Umgebung.

Um an die alten Buchenstämme zu kommen, werden Schneisen für Bulldozer in die letzten unberührten Bergtäler geschlagen. Von dort aus fressen sich die Motorsägen dann links und rechts in die Berghänge. Letztendlich findet hier nichts anderes statt als in den tropischen Regenwäldern, nur mitten in der in Sachen Umweltschutz vermeintlich gut aufgestellten EU.

Rumänien zählt inzwischen zu den größten Holzproduzenten Europas und bedient mit seinen Produkten auch große Unternehmen wie IKEA. Förster, die sich dort dem Raubbau in den Weg stellen, werden teilweise brutal ermordet, wie etwa Raducu Gorcioaia, der von ertappten Holzdieben mit einer Axt erschlagen wurde.[118]

Zurück zu Professor Schulze. Nach Aussage örtlicher Umweltschützer ist er in Holzeinschläge im westlichen Făgăraş-Gebirge involviert. Hier schließt sich der Kreis zum Vergleich mit dem Ölscheich, denn Schulze wird nicht zuletzt auch durch die beiden deutschen Forstbetriebe zum Holzproduzenten und unterliegt damit einer gewissen Befangenheit. Problematisch wird dieser Umstand erst durch die merkwürdigen Ergebnisse seiner Berechnungen. Und sie sind mehr als merkwürdig!

Tobias erklärte mir, dass Schulze ein kapitaler Fehler unterlaufen sei. Diese Erläuterungen klangen banal und sind leider etwas schwierig zu entwirren, aber ich möchte sie Ihnen dennoch nicht vorenthalten. Sie zeigen, mit welchen Tricks vermeintliches forstwirtschaftliches Wissen geschaffen wird. Der nachfolgend geschilderte Disput um die Studie, die entscheidend für die Waldbehandlung nicht nur in Deutschland ist, zeigt exemplarisch die arrogante Haltung der Meinungsführer in der Forstwirtschaft auf.

Eine der wesentlichen Grundlagen waren Messungen im

Nationalpark Hainich in Thüringen. Dieser kleine Nationalpark schützt überwiegend ältere Buchenwälder. Sie wurden zwar in der Vergangenheit konventionell bewirtschaftet und von Maschinen befahren, dürfen sich jetzt aber ungestört in Richtung Urwald entwickeln. Der Nationalpark diente Schulze als Referenz für geschützte Wälder, was an sich schon fraglich ist. Immerhin dauert es Jahrzehnte bis Jahrhunderte, bis ein solcher Wald halbwegs wieder als Urwald zu bezeichnen ist.

Um zu beweisen, wie viel (oder wenig) Kohlenstoff solch unbewirtschaftete Wälder in ihrer Biomasse speichern, zog Schulze Messungen aus dem Hainich heran, die den Holzvorrat in Form von Bäumen an 1200 Probepunkten im Nationalpark ermittelt hatten. Im Jahr 2000 ergaben sich so durchschnittlich 363,5 Kubikmeter Holz pro Hektar. Die Untersuchung wurde im Jahr 2010 an denselben Punkten wiederholt, der Wert hatte sich pro Hektar um zusätzliche 90 Kubikmeter erhöht – klar, denn die Bäume waren ja in den zehn Jahren dicker geworden. Somit hatte jeder schon zuvor untersuchte Hektar im Nationalpark pro Jahr neun Kubikmeter an Holzmasse gewonnen – das entspricht ungefähr neun Tonnen CO_2, die der Wald hier der Atmosphäre entzogen hatte. Dieser Wert überrascht Fachleute nicht, liegt er doch ungefähr in der Höhe, die jeder ältere Buchenwald in Deutschland produziert.

Bei der zweiten Messung 2010 untersuchte der Nationalpark jedoch zusätzliche Flächen, auf denen allerdings keine oder nur sehr junge Bäumchen standen. Kein Problem – um den Zuwachs an Holz in den alten Buchenwäldern zu ermitteln, kann man diese zusätzlichen Messwerte einfach weglassen. Zudem wäre wissenschaftlich gesehen die Gesamtsumme einschließlich der Jungwälder für den Vergleich völlig unbrauchbar – man kann schließlich nur die Flächen berücksichtigen, die schon im Jahr 2000 aufgenommen worden waren. Darauf wies der Leiter des Nationalparks, Manfred Großmann, in dieser Studie auch ausdrücklich hin. Wer trotzdem mit allen, also auch diesen Werten weiterrechnet, kann eigentlich nicht mehr behaupten, dies versehentlich getan zu haben.[119]

Kein Problem für Schulze, oder sogar eine Chance? Wie auch immer, der Professor nahm die Werte der Jungwälder mit hinzu, und schon sank der Durchschnittswert der neu gebildeten Holzmasse auf dem Papier von neun Kubikmetern pro Jahr und Hektar auf 0,4 Kubikmeter. Das ist weniger als ein Zwanzigstel des korrekten Wertes.[120] Hurra! Alter, nicht genutzter Wald speichert nach seiner Rechnung also kaum Kohlenstoff, während alter, genutzter Wald (ausweislich korrekter Zahlen der Bundeswaldinventur) beim etwa Zwanzigfachen liegt.

Auf dieser Basis berechneten Schulze, Spellmann und Kollegen, dass eine kräftige Holznutzung für höhere Speicherwerte im Wald sorgt und damit auch das Klima stark entlastet. Hmm. Die Entleerung eines Speichers sorgt für höhere Werte im Speicher? Die Forstindustrie war begeistert, Naturschützer dagegen entsetzt. Das musste doch jemandem auffallen! Tobias schloss sich mit anderen Wissenschaftlerinnen und Wissenschaftlern zusammen, und unter der Leitung von Torsten Welle von der Naturwald Akademie und Professor Pierre Ibisch von der Hochschule für nachhaltige Entwicklung in Eberswalde (HNEE) wurde eine Kritik international publiziert sowie eine entsprechende Pressemitteilung auf der Homepage der HNEE veröffentlicht, um den Fehler international offenzulegen.[121] Auch zwei weitere internationale Wissenschaftsteams kritisierten die Studie.

Die Reaktion kam prompt: Es schaltete sich das Thünen-Institut für Waldökosysteme ein, das dem Bundeslandwirtschaftsministerium und damit zu diesem Zeitpunkt Julia Klöckner unterstand. Die Aufgabe dieser bundeseigenen Forschungsstätte ist es, die Politik mit dem aktuellen Stand der wissenschaftlichen Erkenntnisse zu versorgen.[122] Statt aber, wie erwartet, die fachlich fragwürdige Studie von Herrn Schulze zu kritisieren, kritisierte der Leiter, Andreas Bolte, per Twitter die Wissenschaftler, die den Fehler anprangerten.[123] Um das Maß vollzumachen, meldete sich auch noch der neue Vorsitzende des wissenschaftlichen Beirats der Bundesregierung zur Waldpolitik, Jürgen Bauhus, zu Wort. Dieser Beirat soll nicht nur Vorschläge für die Politik entwickeln, sondern auch ausdrücklich den wissenschaftlichen Diskurs fördern.[124] Jürgen Bauhus, der an der Universität Freiburg Waldbau lehrt, hat von dem Begriff Diskurs allerdings ein merkwürdiges Verständnis – er forderte schriftlich und mit einem Ultimatum die Korrektur der Pressemitteilung. Schließlich wurde darin auch der wissenschaftliche Beirat kritisch erwähnt, der ähnlich wie Schulze und Spellmann verbreiten ließ, Waldnutzung sei für das Klima besser als Waldschutz. Um dem Ganzen die Krone aufzusetzen, beschwerte sich Bauhus über die Eberswalder Hochschule wegen der Pressemitteilung bei der Deutschen Forschungsgemeinschaft (DFG). Grund: Verstoß gegen die gute wissenschaftliche Praxis. So sollte Druck auf die Hochschule und vor allem auf die beteiligten Eberswalder Forscherinnen und Forscher ausgeübt werden. Selbstredend, dass die DFG keinen Verstoß feststellen konnte und die Ermittlungen einstellte.[125]

Für mich war das Treiben um die Studie ein Schlüsselmoment in Sachen Forstpolitik. Wenn man Andersdenkende nicht nur kritisiert, sondern versucht, sie mundtot zu machen und ihnen beruflich massiv zu schaden, obwohl sie sich korrekt verhalten haben, dann finde ich das für öffentliche Institutionen besorgniserregend. Aber es kommt noch schlimmer:

Die Studie von Schulze und Spellmann ist nicht nur ein peinlicher Fauxpas für das Max-Planck-Institut und die deutsche Forstwissenschaft. Viel problematischer sind ihre Auswirkungen in Rumänien. Dort genießt Schulze ein gewisses Renommee, und wenn ein deutscher Wissenschaftler im Verbund mit Forstexperten die Empfehlung herausgibt, alte Wälder nicht mehr unter Schutz zu stellen, sondern der Holznutzung zuzuführen – und damit deren Zerstörung –, dann ist das eine Ohrfeige für alle Waldschützer vor Ort. Viele von ihnen riskierten ihr Leben, um die alten Buchen für die Menschheit zu bewahren.

Christoph Promberger, Geschäftsführer der »Foundation Conservation Carpathia« (FCC),[126] teilte mir mit, dass das Schulze-Papier bei der rumänischen Staatsforstverwaltung begeistert aufgenommen wurde. Es dient nun als Persilschein für die brutale Abholzungspolitik. Christoph hat sich auch bemüht, das Waldstück zu kaufen und seinem Projekt einzugliedern, welches versucht, den größten Waldnationalpark Europas zu schaffen. Leider blitzten die Umweltschützer ab in ihrem Unterfangen, die alten Bäume für den Naturschutz zu retten.

Fast könnte man auf den Gedanken kommen, Professor Schulze habe die Studie hauptsächlich für sich selbst geschrieben, um sein Handeln im Umfeld einer der größten Umweltzerstörungen Europas zu rechtfertigen. Der Kollateralschaden geht allerdings weit über die wenigen Quadratkilometer deutschen und rumänischen Waldes unter den Fittichen Schulzes hinaus. Denn falls Sie diese Zeilen in einem anderen Land lesen, ist dies für Sie mindestens genauso relevant wie für die deutsche Leserschaft. Nicht nur, weil wir alle ein gemeinsames globales Klima haben und damit von jedem Wald weltweit in gewissem Umfang abhängig sind. Nein, es ist die deutsche Forstwirtschaft selbst, die seit dem 19. Jahrhundert bis heute die globale Forstwirtschaft beeinflusst, weil sie zu meinem Leidwesen immer noch als vorbildlich gilt. Dabei gibt es durchaus Fachleute aus anderen Ländern, die die schädlichen Einflüsse erkannt haben, etwa auf die Wälder Indiens.

Pradip Krishen, einer der angesehensten Umweltschützer und Naturexperten des Subkontinents, schreibt im Vorwort der indischen Ausgabe von »Das geheime Leben der Bäume«, dass es deutsche Förster waren, die den Einheimischen das Idealbild gleichaltriger Plantagen näherbrachten. Sie führten Kahlschläge ein, pflanzten nur gewünschte Baumarten und entfernten alles andere. Diese Art der Wirtschaft hat laut Krishen enorme Schäden in Indien angerichtet, und bis heute ist das System nicht überwunden.[127]

Nun stellt sich die Frage, warum man international überhaupt in diesem Ausmaß auf deutsche Forstexperten gehört hat? Im 19. Jahrhundert gab es im Wesentlichen nur in Frankreich und in Deutschland eine für das damalige Verständnis moderne industrielle Forstwirtschaft. Große Teile der Welt standen unter britischer Herrschaft, und die Briten hatten mit den Franzosen bekanntermaßen Probleme. Da lag es nahe, deutsche Förster in die Kolonien einzuladen, um dort mit entsprechender Gründlichkeit die Natur zu zähmen. Das Empire ist Geschichte, die Plantagenwirtschaft leider nicht.

Das Festhalten am Mantra, Holzverbrennung sei gut fürs Klima, erinnert mich an die Erdölindustrie. Der niederländisch-britische Erdölkonzern Shell wusste ausweislich eigener Studien schon vor 30 Jahren über die Schädlichkeit seiner Verbrennungsprodukte für das Klima Bescheid. Dennoch tat sich Shell mit anderen Branchenriesen zusammen und stritt den mitverursachten Klimawandel ab.[128]

Auch die Forstindustrie stellt sich gegen den wissenschaftlichen Konsens, Holzverbrennung sei klimaschädlich. Der besagt, dass diese Verbrennung in manchen Fällen sogar schädlicher ist als die Nutzung von Steinkohle. Schon 2017 warnten deshalb rund 800 Wissenschaftlerinnen und Wissenschaftler diesbezüglich die EU-Kommission.[129]

Eine Studie aus demselben Jahr zeigt besorgt auf, dass sich bei Umsetzung der EU-Ziele zu erneuerbaren Energien (zu denen auch Holz zählt) der Verbrauch der EU von Holz bis 2030 auf von 346 Millionen Kubikmetern im Jahr 2009 auf 752 Millionen Kubikmeter im Jahr 2030 mehr als verdoppeln wird – wohlgemerkt, nur Holz zum Verfeuern![130] Das entspricht dem Zwölffachen des durchschnittlichen deutschen Holzeinschlags. In Erdöl umgerechnet wären das rund 180 Millionen Tonnen. Zum Vergleich: Der Erdölverbrauch der gesamten EU lag 2019 bei 705 Millionen Tonnen.[131] Holz schickt sich also langsam an, Öl in Bezug auf die Umweltverschmutzung den Rang abzulaufen. Denn es ist nicht nur das Holz, welches bei der Verbrennung CO_2 ausstößt. Der Waldboden, seiner Stämme beraubt, entlässt ebenfalls gigantische Mengen an Kohlenstoffverbindungen, weil Mikroorganismen im sich aufwärmenden Boden zur Höchstform auflaufen und den Humus bis zum letzten Krümel auffressen. In Summe können so noch einmal gewaltige Mengen an Klimagasen zusammenkommen.

Die Zerstörung großer Waldökosysteme mit dem Verlust der Kühlwirkung für die Landschaft und die Verringerung der Niederschläge wirken sich wahrscheinlich so stark auf das Klima aus, dass schon heute die Holznutzung mit der Erdölverbrennung in einem Atemzug genannt werden sollte. Aber das muss wissenschaftlich erst noch genauer untersucht werden. Womit wir wieder am Anfang der Debatte sind: Solange sich einflussreiche Wissenschaftler aus dem Bereich der Forstindustrie weigern, selbst einfachste Zusammenhänge anzuerkennen, werden wir hier nicht wesentlich weiterkommen.

An dieser Weigerung beteiligen sich übrigens auch die Forstbehörden. Kein Wunder, sind diese Kontrollorgane, die eigentlich Raubbau verhindern sollen, doch selbst die größten Holzverkäufer Deutschlands. Das muss man sich noch einmal auf der Zunge zergehen lassen: Die Kontrollbehörde kontrolliert sich faktisch selbst. Der Eifer der staatlichen Forstverwaltungen, so viel Holz wie möglich aus den Wäldern zu schlagen und zu verkaufen, ist sogar schon mehrfach gerichtlich gebremst worden. Vor 1990 gab es den sogenannten Holzabsatzfonds. Dieser Fonds machte Werbung für den Rohstoff Holz, um den Absatz zu fördern und noch mehr Bäume zu fällen. In den Sammeltopf musste jeder Holzverkäufer einen staatlich festgesetzten Prozentsatz seiner Einnahmen zwangsweise einzahlen. Die Bewirtschaftung des Waldes wurde so mit der Brechstange beworben. Schon 1990 erklärte das Bundesverfassungsgericht diese Abgabe für verfassungswidrig, unter anderem, weil die Bewirtschaftung öffentlicher Wälder nicht dem Absatz von Holz, sondern dem Schutz und der Erholung zu dienen habe.[132]

Die Konsequenz: Das entsprechende Gesetz wurde ein bisschen korrigiert und die Sache dann einfach weiter betrieben. Erst 2009, nachdem das Bundesverfassungsgericht zum zweiten Mal diese Praxis als verfassungswidrig brandmarkte und verbot, wurde die Zwangserhebung von Beiträgen für den Holzabsatzfonds eingestellt.[133] Nicht eingestellt wurde allerdings die Praxis, die Holzerzeugung in den öffentlichen Wäldern in den Mittelpunkt der Forstwirtschaft zu stellen. Es bleibt zu hoffen, dass ein drittes Urteil des Gerichts hierzu nicht weitere 19 Jahre auf sich warten lässt.

Der riesige staatliche Holzverkauf bekommt aktuell noch einen ganz anderen Dämpfer. Schon seit vielen Jahren versucht das Bundeskartellamt, den Holzverkauf durch die Forstbehörden zu unterbinden, weil sie einem Vertriebskartell ohne echten Wettbewerb gleichkommen.[134] Nachdem das Bundeskartellamt diese Verkaufspraxis schon seit vielen Jahren zerschlagen wollte und kaum Verbesserungen erzielte, hat sich nun ein amerikanischer Prozessfinanzierer der Sache angenommen. Die Firma Burford Capital verklagt im Auftrag deutscher Sägewerke ganze

Bundesländer gegen Provision und fordert allein vom Land Nordrhein-Westfalen einen Schadensersatz von 183 Millionen Euro – für den kleinen Forstsektor eine gewaltige Summe.[135] In Rheinland-Pfalz, welches im gleichen Atemzug von der ebenso finanzierten »ASG 3« (Ausgleichsgesellschaft für die Sägeindustrie Rheinland-Pfalz GmbH) auf 121 Millionen Euro Schadensersatz verklagt wurde, jammerte die seinerzeit zuständige Umweltministerin Ulrike Höfken, die Klage habe eine verheerende Wirkung für den Wald.[136]

Gerichtsverfahren sind eine langwierige Sache, und bisher hat die Forstindustrie erfolgreich jedes Schlupfloch genutzt, um den Status quo zu erhalten. Doch inzwischen schreitet der Klimawandel voran, und wertvolle Zeit geht verloren, in der wir alle handeln könnten und sollten. Und wir können handeln! Lassen Sie uns dazu aus dem Wald zurück ins traute Heim gehen, und zwar ins Esszimmer.

Was liegt auf Ihrem Teller?

Die Schlagzeilen um den Klimawandel werden von rauchenden Rohren beherrscht. Ob Auspuff, Schornstein oder Flugzeugtriebwerk, es sind die Abgase mit ihrem CO_2, die im Fokus der Klimadebatte stehen. Dazu noch Bilder von schmelzenden Gletschern in der Antarktis oder brennenden Wäldern am Amazonas, und schon ist die gruselige Apokalypse perfekt in Szene gesetzt. Der Vorteil: Zwar wissen wir alle, dass die gesamte Menschheit betroffen ist, doch für den Großteil der Bevölkerung spielen sich die Probleme zunächst überwiegend auf dem heimischen TV-Bildschirm ab.

Die steigenden Temperaturen und die zunehmende Trockenheit haben aber auf lokaler Ebene einen ganz anderen Grund: die Umwandlung einer Wald- in eine Kulturlandschaft. Den Kühleffekt alter Wälder kennen Sie, ebenso den bis zu 10° C betragenden Unterschied zur landwirtschaftlichen Fläche (oder noch viel mehr zu Städten). Und dieser Unterschied entsteht auf Ihrem Teller.

Ich habe Ihnen hier ein paar Zahlen zusammengestellt, die das ganze Problem sichtbar machen. Und keine Sorge: Wenn Sie sich mit mir hindurchgerechnet haben, wird das Ergebnis Sie optimistisch stimmen. Denn am Ende kann ich Ihnen eine der wichtigsten und gleichzeitig gut umsetzbaren Lösungen im Kampf gegen den Klimawandel präsentieren – versprochen!

Die wirtschaftenden Menschen haben die Waldfläche Deutschlands auf 32 Prozent der Landesfläche zurückgedrängt und sie dort überwiegend gegen Plantagen ausgetauscht.

Noch offensichtlicher hat sich der übrige Teil der ehemaligen Urwälder verändert: Für Siedlungen und Verkehrswege werden 14,7 Prozent in Anspruch genommen, ein paar weitere Prozente entfallen auf Wasserflächen, Tagebaue und Brachland, doch der Löwenanteil von 47 Prozent oder 167 000 Quadratkilometern dient der Landwirtschaft.

Grundnahrungsmittel wie Kartoffeln, Getreide, Obst, Gemüse, aber auch Wein werden auf 47 000 Quadratkilometern angebaut. Hinzu kommen Äcker für Biotreibstoffe und Biogas, Ersatzstoffe für fossile Energieträger, auf einer Fläche von 20 000 Quadratkilometern. Für Tierfutter, also die Fleischerzeugung einschließlich Eiern und Molkereiprodukten, werden 100 000 Quadratkilometer bewirtschaftet – das ist fast so viel wie die gesamte Waldfläche (114 000 Quadratkilometer).[137]

Während Deutschland bei vielen pflanzlichen Grundnahrungsmitteln in Summe als autark gelten darf, kommen für die Tierhaltung rechnerisch noch einmal enorme Flächen im Ausland hinzu, auf denen etwa Sojabohnen und andere Kraftfuttermittel erzeugt werden.

Ich reite deshalb so auf dem Flächenverbrauch herum, weil dies die Schlüsselgröße für den Treibhauseffekt des Fleischkonsums ist. In vielen Berechnungen wird nur die direkte CO_2-Bilanz des Produktionsprozesses berücksichtigt, nicht hingegen die Flächenumwandlung von Wald in Grün- oder Ackerland.

Um diese Bilanz transparent und nachvollziehbar zu machen, würde ich gerne zusammen mit Ihnen eine kleine Überschlagsrechnung machen. Bei der Rechnung kommt es mir nicht auf exakte Werte an, sondern nur um eine grobe Sicht auf die Dinge.

Dazu schauen wir zunächst, wie viel CO_2 in Form von Kohlenstoff durchschnittlich in der Biomasse eines Waldes gespeichert ist. Bei einem intakten, ursprünglichen Buchenwald Mitteleuropas sind das rund 1000 Tonnen je Hektar.[138] Macht man aus solchem Wald eine Weide für Rinder, entweicht der größte Teil des Kohlenstoffs der abgeholzten Bäume und des Bodens in die Atmosphäre und ist somit der Rindfleischproduktion hinzuzurechnen.

Nun könnte man einwenden, dass der Wald ja schon vor Jahrhunderten gerodet worden sei und somit nicht mehr in die Bilanz einfließen dürfe. Auch wenn man diesbezüglich anderer Meinung sein kann, rechnen wir sicherheitshalber ab heute, also mit dem vorhandenen Grünland. Dieses könnte man entweder für die Viehhaltung nutzen oder wieder aufforsten. Im ersten Fall wandert das jährlich vom Gras aufgenommene CO_2 überwiegend in den Kuhmagen und entweicht durch die Verdauung wieder in die Atmosphäre. Würde die Weide hingegen wieder aufgeforstet (oder natürlich wiederbewaldet), dann bliebe der größte Teil des von den Bäumen aufgenommenen Klimagases in Form von Holz und Humus gespeichert. Über welche Mengen reden wir?

Gras und Wald lagern jährlich je Hektar erstaunlicherweise sehr ähnliche Mengen an Kohlenstoff ein, nämlich sechs bis neun Tonnen (Gras) und vier bis sieben Tonnen (Wald). Rechnen wir der Einfachheit halber bei beiden mit sechs Tonnen weiter. Die Umrechnung von reinem C in das Gas CO_2 erfolgt mit dem Faktor 3,67,[139] sodass sich aus sechs Tonnen Kohlenstoff 22 Tonnen CO_2 ergeben, die die Pflanzen der Atmosphäre entziehen. Davon wird ein Teil durch Tiere, Pilze und Bakterien wieder freigesetzt, die sich von Gras, Humus, toten Bäumen etc. ernähren. Im Wald bleibt jedoch mindestens das Äquivalent von elf Tonnen CO_2 allein im nachwachsenden Holz gespeichert;[140] in Summe (einschließlich Rinde, Blätter, Humus) dürfen wir getrost von 15 Tonnen ausgehen, die Jahr für Jahr hinzukommen. Umgekehrt gilt: Wenn auf diesem Hektar Nutztiere gehalten werden, speichert die Fläche diese 15 Tonnen nicht mehr, weil die Bäume durch Gras ersetzt werden, welches ständig abgeweidet wird. Diese Menge muss der Nutztierhaltung in Rechnung gestellt werden, und wir schauen nun, wie viel das pro Kilogramm Fleisch bedeutet.

Auf besagtem Hektar kann durchschnittlich maximal ein Rind mit einem Gewicht von 500 Kilogramm ernährt werden. Wird es geschlachtet, so bleiben 53 Prozent Fleisch übrig, also 265 Kilo. Die 15 Tonnen CO_2 aus dem Gras (oder nicht mehr vorhandenen Wald) werden also für 265 Kilo Fleisch freigesetzt, pro Kilogramm sind dies 57 Kilo des Treibhausgases. Die Gesamtbilanz ist noch sehr viel schlechter, da ja landwirtschaftliche Maschinen zur Heugewinnung eingesetzt werden und die Kuh auch noch verarbeitet und zerteilt in den Supermarkt gebracht werden muss. Zudem stößt sie während ihres kurzen Lebens täglich 200 Liter Methan aus,[141] ein Gas, welches 21-mal klimawirksamer ist als CO_2.

Was bei dieser Rechnung nun noch addiert werden könnte, sind die 1000 Tonnen CO_2, die durch die Beseitigung des ursprünglichen Waldes in die Atmosphäre gelangten. Wenn wir diese auf 200 Jahre Nutzung als Viehweide verteilen, dann kommen pro Jahr noch einmal fünf Tonnen oder 19 Kilogramm CO_2/Kilo Rindfleisch dieser Alt-Klimaschulden hinzu. Die reine Erzeugung, also die Futtermittelgewinnung und die Verarbeitung, schlagen je nach Rechenmodell noch einmal mit über 20 Kilogramm CO_2 je Kilo Rindfleisch zu Buche.[142] Nun sind wir bei knapp 100 Kilo CO_2 pro Kilogramm Rindfleisch angekommen.

Noch einmal: Es geht nur um eine grobe Überschlagsrechnung und den Maximalwert, um zu schauen, in welcher Größenordnung wir in Bezug auf den Fleischkonsum landen können. Der liegt pro Jahr und Kopf bei 87,8 Kilogramm (bis es auf dem Teller landet, werden daraus rund 60 Kilo).[143] Das wären gewaltige 8,8 Tonnen CO_2 pro Jahr und Bewohner Deutschlands allein für den Fleischkonsum!

Der Wert des Umweltbundesamtes für die gesamte Ernährung lag für 2017 bei 1,74 Tonnen pro Jahr und Person.[144] Fleisch wird offenbar amtlicherseits wesentlich geringer bewertet, ohne den Waldverlust auch in Deutschland angemessen zu berücksichtigen. Manche Portale stellen südamerikanischem Rindfleisch, das auf ursprünglichen Regenwaldflächen gewonnen wird, gigantische 335 Kilogramm in Rechnung,[145] also das Dreifache unserer Überschlagsrechnung.

Nun essen nicht alle Menschen ausschließlich Rindfleisch, das besonders ungünstig abschneidet. Schweine- und Geflügelfleisch gilt als weniger klimaschädlich, wobei in den meisten Rechnungen die Komponente Entwaldung ebenfalls nicht sauber oder gar nicht eingerechnet ist. Damit fehlt der wichtigste Faktor, und somit ist die Aussagekraft so weit abgeschwächt, dass die Ernährung in der öffentlichen Wahrnehmung ihren ersten Platz in Bezug auf die Klimabeeinflussung verliert.

Streng genommen ist es zumindest bei uns in Europa nicht die Entwaldung, sondern die verhinderte Wiederbewaldung, die die Bilanz aktuell so schlecht aussehen lässt. Das ist gleichzeitig auch eine Erklärung dafür, warum viele Publikationen diesen Punkt nicht ausreichend berücksichtigen. Ein ehemaliger Wald, der heute als Wiesen- und Weidelandschaft daherkommt, verströmt eher idyllische Impressionen denn einen Hauch von Klimakatastrophe. Rauchende Schornsteine sind ein Mahnmal, Graslandschaften mit darüber gaukelnden Schmetterlingen eher nicht.

Ich möchte mit Ihnen ein kleines Gedankenexperiment wagen. Wie wäre es, wenn der Fleischkonsum auf den früher üblichen Sonntagsbraten reduziert würde? Wie viel Wald könnte dann in Deutschland neu entstehen, und wie würde sich das auf die künftigen Temperaturen auswirken?

Eine Portion Fleisch wiegt je nach Wunsch um 150 Gramm.

Hochgerechnet auf ein Jahr reduzierte sich damit die Menge von 60 Kilogramm auf 52 x 150 Gramm = 7,8 Kilo Fleisch pro Kopf und Jahr. Der Fleischkonsum würde sich um 52,2 Kilo oder 87 Prozent reduzieren. In der Folge könnten wir entsprechend viele Flächen für den Futteranbau wieder zu Wald werden lassen. Bevor nun jemand anmerkt, dass immerhin ein erheblicher Anteil an Futtermitteln importiert werde: Das ist ja das Schöne an der Prozentrechnung. Bei einer Reduzierung des Futtermittelbedarfs von 87 Prozent kann man alle dafür notwendigen Futterflächen entsprechend reduzieren, hier bei uns und analog im Ausland.

Doch wenn wir weniger Fleisch essen, bräuchten wir als Ersatz für die entgangenen Kalorien Flächen für mehr pflanzliche Lebensmittel. Kein Thema, nehmen wir doch die Flächen für Biogas und Biotreibstoffe. Diese sind in ihrer klimaschädlichen Wirkung der Fleischproduktion gleichzustellen, wie ich schon 2008 in der Recherche für ein Buch über Bioenergie feststellen musste. Ein Biogasreaktor ist schließlich nichts anderes als eine große künstliche Kuh. In den Gärblasen werden Gras und Maissilage vergoren; dabei entweichen über Leckagen direkt oder später bei der Verbrennung indirekt CO_2 und Methan. Das sollte man schleunigst einstellen; hier könnten pflanzliche Biolebensmittel angebaut werden und unsere Ernährung ergänzen.

Es bleiben also im Maximalfall 87 Prozent Fleischreduktion oder umgekehrt 87 Prozent mehr Fläche für die Wiederbewaldung. Bei 100 000 Quadratkilometer Futterfläche könnten demnach 87 000 Quadratkilometer für neue Bäume zur Verfügung gestellt werden. In Deutschland würde damit die Waldfläche auf 200 000 Quadratkilometer anwachsen, das entspricht immerhin 56 Prozent der Landesfläche!

Die Verwandlung der Landschaft direkt vor unserer Haustür weist dabei einen besonderen Vorteil auf: Wenn wir sehen, und zwar wörtlich, dass ein verringerter Fleischkonsum zu einer sichtbaren Rückkehr großer, neuer Wälder führt, dass sich das Lokalklima wieder abkühlt und sogar mehr Regen fällt, dann spornt das vielleicht auch die Politik an, endlich mit der industriellen Fleischproduktion zu brechen.

In den Niederlanden ist man da schon weiter: Die Regierung fördert den Ausstieg aus der Massentierhaltung mit einem Programm, das den Landwirten über einen Zeitraum von zehn Jahren Ausgleichszahlungen in Höhe von 1,9 Milliarden gewährt, Landwirten, die ihre Ställe abreißen und etwa in Tourismus investieren.[146] So etwas würde ich mir auch für Deutschland wünschen. Hier werden pro Jahr 8,6 Millionen Tonnen Fleisch produziert.[147] Pro Kopf der Bevölkerung sind das mehr als 100 Kilogramm und damit deutlich mehr als der inländische Fleischkonsum. Deutschland produziert viel Billigfleisch für den Export, und das mit importierten Futtermitteln unter anderem aus Gebieten, in denen für den Anbau tropischer Regenwald gerodet wird. Die niederländische Praxis, Massentierhalter über Fördermittel einvernehmlich zur Beendigung des grausamen Geschäfts zu bewegen, halte ich für einen vernünftigen Kompromiss. Das Geld ist gut angelegt, weil es die Folgekosten für die Umwelt und damit für uns alle zukünftig erheblich reduziert. Denken Sie etwa an unser Grundwasser, unsere wichtigste Nahrungsmittelressource, die aktuell durch die Flutung mit Gülle qualitativ zunehmend schlechter wird.

Kommen wir zurück zum wiederkehrenden Wald. Er könnte für bäuerliche Betriebe eine viel entspanntere Einnahmequelle werden, als es das sich ständig verschärfende Geschäft um Billigfleisch ist. Würden Landwirtinnen und Landwirte 1000 € pro Jahr und Hektar verdienen, indem sie Wald einfach wachsen lassen würden, dann würde sich nicht nur ihr Konto von selbst füllen, sondern auch ihr Image deutlich verbessern. Die passende Berufsbezeichnung gibt's gratis dazu: Klimawirtin oder Klimawirt.

Angenommen, wir lassen den Wald wirklich auf großer Fläche zurückkommen; was wird dann mit all den Wiesenbewohnern? Ich habe es bereits mehrfach während der geführten Wanderungen durch die Eifelwälder erlebt, dass Teilnehmende entrüstet protestierten, wenn ich vorschlug, wieder mehr Wiesen aufzuforsten. Diese seien doch so wichtig für vielerlei Kräuter und Gräser, für Insekten und Amphibien, die in unserer Kulturlandschaft ohnehin schon mit dem Rücken zur Wand dastünden. So löblich diese Verteidigungsrede ist, so falsch sind die Annahmen, die ihr zugrunde liegen.

Unsere heimischen Offenlandarten, die lichte Stellen im Wald benötigen, wie zum Beispiel viele Insekten, können in Wiesen meist nicht überleben. Sie brauchen Weiden, und das ist ein gewaltiger Unterschied. Weiden werden von großen Pflanzenfressern abgegrast oder besser nur ein wenig befressen. Solche Weiden sind früher von Natur aus im Bereich der Auwälder entstanden. Diese Wälder breiteten sich einst auf Kilometern links und rechts der großen Ströme aus. Noch Mitte des 20. Jahrhunderts froren sie regelmäßig zu, und das war indirekt die Chance für natürliche Weiden. Das Treibeis des Frühjahrs sorgte für baumfreie Bereiche, in denen Gräser, Kräuter und Sträucher ihre Chance bekamen.

In solch halb offenen Graslandschaften, nur locker mit Bäumen bestanden, weideten einst Wisente, Auerochsen und Wildpferde. Sie hinterließen eine artenreiche Weidelandschaft, die für Tausende von Insektenarten überlebensnotwendig ist.

Die Auwälder sind bis auf wenige kümmerliche Reste verschwunden, die Überschwemmungen bis auf seltene Ausnahmen längst Vergangenheit, ganz zu schweigen vom Treibeis. Die gesamte Dynamik dieser wertvollen Wälder ist praktisch zum Erliegen gekommen, und das hat eine wesentliche Ursache:

Statt grasender Wildtiere sitzt in den Flusstälern nun der Mensch. Hier ist wertvollstes Ackerland, weil der Flussschlamm mit jeder Überschwemmung reichhaltigen Dünger lieferte. Hier entstanden Siedlungen und Städte, hier breitete unsere Art ihre Zivilisation aus. Diese Zivilisation ist hochwasseranfällig, und deswegen wird Wasser durch hohe Deiche und Dämme ferngehalten. Lediglich kümmerliche Reste sind in Form von Rückhaltebecken und Überflutungsräumen noch vorhanden, allerdings eher im Sinne eines kurzfristigen Wasserspeichers und nicht in Form echter Auwälder.

Wenn wir also etwas für Tiere der Graslandschaften tun möchten, dann sollte das an deren angestammten Platz passieren. Wir brauchen dringend einen weiteren Nationalpark im Rheintal oder an der Elbe. Der Nationalpark unteres Odertal ist zwar ein kleiner Anfang, allerdings mit 100 Quadratkilometern wirklich nur ein kleiner. Und selbst diese Fläche steht der Natur nur teilweise zur Verfügung. Auf Druck der vereinigten Lobby von Landwirten und Anglern wurden lediglich 50,1 Prozent der Fläche wirklich aus der Nutzung genommen; auf der restlichen Fläche darf weiter gewirtschaftet werden. Man hat bewusst 50,1 Prozent gewählt, weil für einen Nationalpark mehr als die Hälfte der ausgewiesenen Fläche unter strengem Schutz stehen muss – so liegt der Park superknapp darüber und darf den Titel Nationalpark weiter führen.[148]

Eine echte, große Flusswildnis, die Bäumen des Auwalds und ihren Tiergemeinschaften Zuflucht bietet, fehlt damit immer noch. Stattdessen päppeln wir Wiesengebiete in den Mittelgebirgen und lassen diese subventioniert durch Schafe beweiden. Doch hier im Hügelland herrschten einst Buchenurwälder vor, und es waren mitnichten große Mengen an Wildrindern oder -pferden vorhanden. Aber genau hier setzen Artenschutzprojekte an. So initiierte Richard zu Sayn-Wittgenstein-

Berleburg ein Projekt zur Ansiedlung von Wisenten.[149] Der zur Verfügung gestellte Wald liegt allerdings nicht in einer Flussaue, sondern im Rothaargebirge, einem Höhenzug im Sauerland. Rund 40 Quadratkilometer stellte der Prinz zur Verfügung, auf denen sich die Wildrinder ausbreiten sollten. Doch 40 Quadratkilometer, so viel es klingen mag, sind für Tiere mit einer knappen Tonne Lebendgewicht einfach viel zu klein. Zum Vergleich: Schon eine Wildkatze, kaum größer als ein Stubentiger, beansprucht Reviere mit zehn Quadratkilometern und mehr. Es kam, wie es kommen musste: Die Tiere hielten sich nicht an das zugedachte Terrain, sondern streiften munter durch Wiesen, Äcker und Wälder. Auf ihrer Tour knabberten sie immer wieder an der Rinde von Bäumen, was diese wirtschaftlich entwertete. Kein Wunder, dass sich nun die Waldbesitzenden beklagten und Schadensersatz sowie eine Entfernung der Tiere forderten. Nun soll die Wisentherde verkleinert und eingezäunt werden, also in einer Art Tiergehege leben. Natur sieht anders aus.[150] Auch aus Sicht solcher Großsäugetiere brauchen wir also dringend mindestens einen großen Auwaldnationalpark.

Bis die Politik in Richtung weniger Fleisch, mehr Wald und mehr Nationalparks einschwenkt, wird es sicher noch ein wenig dauern. Zumindest mit dem Fleisch kann natürlich jeder bei sich selbst anfangen, und bevor Sie fragen: Ja, ich habe vor knapp drei Jahren ganz aufgehört, welches zu essen. Neben dem Tierleid war es tatsächlich die Sorge um die Natur, die meine Frau und mich dazu bewogen haben, unsere Ernährung umzustellen. Aber es gibt auch noch andere Möglichkeiten, jetzt sofort etwas vor der eigenen Haustür zu tun.

TEIL DREI

DER WALD DER ZUKUNFT

Jeder Baum zählt

Ein einzelner Baum? Was soll der schon bringen?« Mit dieser Frage werde ich häufiger konfrontiert. Global gesehen ist das Pflanzen eines einzigen Setzlings im Kampf gegen den Klimawandel sicher noch weniger als der berühmte Tropfen auf den heißen Stein. Zudem bin ich davon überzeugt, dass die Wälder vielerorts von allein zurückkommen können. Lokal gesehen sieht die Pflanzung von Bäumen aber schon anders aus, und ich meine wirklich sehr lokal, zum Beispiel vor Ihrem Haus. Da kann ein einzelner Baum sehr wohl und messbar Einfluss auf die Witterung nehmen, wie Sie selbst überprüfen können. Parken Sie Ihr Auto im Winter unter einem Baum, so frieren die Scheiben nicht so schnell zu. Ursache ist die Dämpfung der Temperaturextreme, sprich: Unter einer Krone wird es wie unter einer Decke nicht so kalt.

Im Sommer ist es genau umgekehrt, und der Baum kühlt. Es ist nicht nur der Schatten, sondern auch die Verdunstung von Wasser, die eine Senkung der Temperatur bewirkt. Auch dies können Sie in einem kleinen Selbsttest nachvollziehen. Spannen Sie dazu an einem heißen Sommertag einen Sonnenschirm auf und setzen sich darunter. Das Resultat: Auch unter dem Sonnenschirm ist es heiß, immerhin etwas weniger als ohne Schirm. Setzen Sie sich nun unter einen Baum und fühlen den Unterschied. Besonders große, alte Laubbäume schaffen durchaus zwei Grad zusätzliche Senkung, was nicht verwunderlich ist. Eine alte Buche kann schließlich bis zu 500 Liter Wasser über ihre Blätter abgeben, Wasser, welches zur Verdunstung Wärmeenergie aus der Umgebungsluft verbraucht. Den gleichen

Effekt erzielt unser Körper, wenn er schwitzt und sich dabei abkühlt.

Die enormen Verdunstungsmengen zeigen sich häufig an Hauswänden, falls der Baum relativ nah daran steht. Dann bildet sich im Schatten der Krone ein grünlich-grauer Algenbelag, der auf eine besonders hohe Luftfeuchtigkeit hinweist.

Ähnliche Erfahrungen mache ich an unserem Forsthaus. Es ist, wie es sich gehört, von Bäumen umstanden. Prägend ist eine alte, mächtige Birke; der größte Baum dieser Art, den ich je gesehen habe. Sie steht in acht Metern Entfernung vor meinem Bürofenster und bietet in ihrem hohlen Stamm Brutvögeln einen geschützten Nistplatz. Die Wetterstation am Forsthaus zeigt regelmäßig eine Temperaturdifferenz von 2° C zur Waldakademie an, die auf dem nächsten Höhenrücken im benachbarten Ort Wershofen liegt. Der Unterschied besteht lediglich darin, dass die Bäume der Waldakademie noch sehr klein sind – das Gebäude und der Garten wurden erst Ende 2019 fertiggestellt. Bei Wärme 2° C kühler, bei Kälte 2° C wärmer, dazu eine höhere Luftfeuchtigkeit – das ist vor allem die Wirkung der alten Birke und der anderen alten Bäume im Garten, die sich rund ums Jahr bemerkbar macht.

Ein einzelner Baum kann also das Lokalklima direkt vor Ihrer Haustür sehr wohl beeinflussen. Ich finde das deswegen so beachtlich, weil die fatalistische Einstellung, dass einzelne Menschen ohnehin nichts ändern könnten, von jedem Gartenbaum widerlegt wird. Welcher Baum ist der geeignetste für Garten oder Straßengrün? Es sollte immer eine heimische Art sein, denn hier gilt das Gleiche wie für den Wald. Von Bäumen hängt die nachfolgende Nahrungskette ab, und von dieser wenigstens in Teilen auch wieder der Baum (der Holobiont lässt grüßen). Was hilft, ist also ein Blick in natürliche Wälder vor der Haustüre. In Deutschland sind dies Eiche, Buche, Feldahorn, Elsbeere oder die Zitterpappel, die überall im Land tapfer Kahlschläge wiederbesiedelt. Wenn Sie einen Doppelnutzen erzielen möchten, dann sind auch Obstbäume eine gute Wahl. Gerade für Kinder ist es schön, mit Bäumen aufzuwachsen. Das intuitive Gefühl, dass die Giganten wichtig für uns sind, bleibt lebenslang erhalten.

In den Dürresommern der letzten Jahre war in vielen Städten Rührendes zu beobachten. Anwohner machten sich Sorgen um ihre Straßenbäume und begannen sie zu gießen, und das vielerorts nicht allein. Straßenweise bildeten sich Gießgemeinschaften von liebevollen Menschen, die sich so absprachen, dass die betreuten Bäume koordiniert gegossen wurden. Es war ein Zeichen der Hoffnung und ein Zeichen für die steigende Wertschätzung von Eichen, Platanen oder Ahornen, die nicht mehr nur als grüne Dekoration gesehen werden. Auslöser war in vielen Fällen Mitleid mit den dürstenden Riesen. Gießkanne für Gießkanne wurde das rettende Nass auf die trockenen Erdscheiben um den Stamm gegeben. Doch reichte das wirklich aus?

Viele Fragen trudelten bei unserer Waldakademie ein, ob diese Hilfsaktionen wirklich etwas bringen würden. Um sie beantworten zu können, sollten wir schauen, was die Natur dazu zu sagen hat. Ein Regenschauer auf trockenen Boden dringt bei einer Niederschlagsmenge von bis zu zehn Litern pro Quadratmeter kaum in den Boden ein. Umgerechnet entspricht das ja auch nur einer Wassersäule von einem Zentimeter – klar, dass die Feuchtigkeit kaum tiefer als ein bis zwei Zentimeter in den Boden sickern kann. Doch selbst solche geringen Mengen können Gießgemeinschaften schon überfordern. Es ist ja nicht nur die kleine Scheibe, unter der sich Wurzeln befinden. Als Faustregel kann gelten, dass sich die Wurzeln auf einer Fläche ausbreiten, die dem Doppelten des Kronendurchmessers entspricht. Der Kronendurchmesser eines ausgewachsenen Straßenbaums erreicht spielend zehn Meter, der Durchmesser der Wurzeln entsprechend 20 Meter. Umgerechnet sind das nach Adam Riese 314 Quadratmeter Wurzelfläche, womit klar ist: Wenn Sie zehn Liter pro Quadratmeter gießen möchten, brauchen Sie dazu mehr als drei Kubikmeter Wasser. Das würde jede Gießgemeinschaft überfordern, und davon abgesehen kommen Sie mit dem Wasser gar nicht an alle Wurzeln heran.

Das Wesen einer Stadt ist es ja, dass große Flächen unter Pflaster und Asphalt liegen und damit gegen Feuchtigkeit abgeschirmt sind. Oft bleibt lediglich die kümmerliche Baumscheibe, das kreisrunde Erdreich unmittelbar um den Stamm herum, den Städteplaner den Bäumen zugestehen. Macht es Sinn, wenigstens auf diese Stelle ab und zu eine Kanne voll Wasser auszugießen? Klare Antwort: Ja! Stellen Sie sich vor, Sie durchquerten eine Wüste und wären kurz vor dem Verdursten. Eigentlich bräuchten Sie mehrere Liter Wasser, alle Vorräte wären aber erschöpft. Wäre es da nicht schön, wenn Ihnen ein hilfsbereiter Mensch wenigstens einen Schluck anbieten würde? Hinzu kommt, dass durch das Gießen eine Verbundenheit entsteht, die sich auf andere Menschen überträgt. Das sorgt für mehr Empathie in unserer Gesellschaft und so auf lange Sicht auch für mehr Wälder.

Eine ganz andere Möglichkeit, Bäume zurückkehren zu lassen und die Landschaft zu kühlen, sind Agroforstsysteme. Was technisch klingt, ist letztlich ganz einfach: Bäume und Nutzpflanzen dürfen mal mehr, mal weniger eng zusammenwachsen. Das hat viele Vorteile, sowohl für die Feldfrüchte als auch für die Natur.

Schauen wir uns zuerst die Feldfrüchte an. Die meisten von ihnen gedeihen im tiefen Schatten älterer Bäume nicht, sind ihre Vorfahren doch meist Steppenbewohner, die das volle

Sonnenlicht benötigen. In unmittelbarer Nachbarschaft von Bäumen geht der Ertrag also zurück. Doch etwas weiter entfernt steigt er gegenüber baumlosen Äckern und Wiesen deutlich an. Die Bäume verschaffen den Nutzpflanzen nämlich Windruhe. Ohne eine Brise, die den sommerlichen Boden austrocknet, bleibt die Krume feuchter. Und Feuchtigkeit ist, wir haben es in den letzten Jahren bitter erfahren, der Schlüsselfaktor für die landwirtschaftliche Produktion. In Dürreperioden ist sogar der Schatten der Bäume hilfreich. Nur hier blieben die Wiesen in den Trockenjahren 2018–2020 saftig grün, und das Vieh konnte sich unter den Bäumen wenigstens ein bisschen abkühlen.

Ein weiterer Vorteil, von dem unsere Kulturpflanzen profitieren können, ist der sogenannte hydraulische Lift. Bäume können nämlich als eine Art Wasserpumpe für andere Pflanzen wirken.

Getreide, Kartoffeln und andere Arten haben Wurzeln, die sich eher in der oberen Bodenschicht aufhalten. Dummerweise ist es genau diese Schicht, die als Erstes austrocknet, wie Sie im Sommer in einem Beet leicht feststellen können. Während obenauf alles schon hart und bröselig ist, stößt man oft bereits nach fünf bis zehn Zentimetern auf einen feuchteren Bereich, der sich je nach Bodenbeschaffenheit bis in mehrere Meter Tiefe fortsetzt. Doch bis hier unten reichen die Wurzeln unserer Ackerpflanzen und Gräser nicht.

Bäume dagegen haben keine Probleme, dorthin vorzustoßen. Sie können Wasser aus tieferen Schichten nach oben pumpen, um sich selbst ausreichend zu versorgen. Immerhin bringen ausgewachsene alte Buchen oder Eichen mehr als 20 Tonnen Lebendgewicht auf die Waage – eine Masse, die im Sommer täglich mit mehreren Hundert Liter Wasser versorgt werden will. Also entziehen die Wurzeln, unterstützt von kooperierenden Pilzen, dem Erdreich jede Menge Wasser. Tagsüber findet dieses über die Blätter seine Abnehmer und wird mittels CO_2 und Sonnenlicht in Zuckermoleküle eingebaut. Ein großer Teil entweicht allerdings durch die mundähnlichen, winzigen Spaltöffnungen auf der Blattunterseite in die Waldluft und kühlt das ganze Ökosystem.

Nachts hingegen wird der Laden geschlossen, wird der Betrieb eingestellt. Oberirdisch herrscht dann weitestgehend Ruhe, mit einer Ausnahme: Der Stamm der Giganten schwillt ein wenig an, weil die Blätter nichts mehr verbrauchen.[151] Das Gewebe füllt sich mit Feuchtigkeit, doch irgendwann ist es genug – schließlich kann sich ein hölzerner Stamm nicht besonders gut dehnen. Doch die Wurzeln hören in vielen Fällen trotzdem nicht auf, Wasser nach oben zu fördern. Todd E. Dawson von der Cornell Universität in Ithaca, USA, untersuchte dazu den dort heimischen Zuckerahorn. Er stellte fest, dass das Erdreich bis zu fünf Meter um den Stamm herum nachts deutlich feuchter wurde.

Der hydraulische Lift hat auch für den Baum Vorteile, denn oben sind besonders viele Nährstoffe im Humus gespeichert. Humus entsteht durch verrottende Pflanzenteile, die, logisch, überwiegend von oben auf den Boden gelangen und dort von Regenwürmern und anderen Tieren eingearbeitet werden. Beim Zersetzen werden viele Nährstoffe frei, die Pflanzen aber nur mit Wasser wieder aufnehmen können. Dieses stellen sich die Bäume – wie praktisch – einfach selbst zur Verfügung.

Den hydraulischen Lift fanden Forscherinnen und Forscher übrigens auch in europäischen Laubwäldern. Dazu untersuchten sie einen jungen Wald aus Buchen und Eichen. Um eine große Dürre zu simulieren, schirmten sie Versuchsfelder mittels Überdachungen ab, sodass der Boden austrocknete. Die Bäumchen wurden am Stamm mit Sonden versehen, um aufsteigendes Wasser abzuzapfen. Nun wurde über Röhren chemisch markiertes Wasser 75 Zentimeter tief in den Untergrund gegossen und beobachtet, wie die Bäume reagieren. Bei den Eichen mit ihren tieferen Wurzeln war das markierte Wasser bald im Stamm zu finden, bei den flacher wurzelnden Buchen hingegen nicht.

Während die mittleren Bodenschichten trocken blieben, tauchte das markierte Wasser nach sechs Tagen in den oberen Bodenschichten auf. Es konnte also nicht durch Kapillarkräfte, die das Wasser wie durch einen Docht nach oben steigen lassen, dorthin gelangt sein – sonst hätte das Erdreich durchgehend befeuchtet sein müssen.

Obwohl die Forschenden keinen Wasseraustausch zwischen den Baumarten feststellten, können die Eichen ihrer Meinung nach einen wichtigen Beitrag zum Erhalt von Wäldern in Dürrezeiten leisten. Ob Buchen nicht doch profitieren, konnte nicht abschließend festgestellt werden – wegen der aufwendigen Messapparatur untersuchte das französische Forscherteam nur insgesamt vier Bäume.

Von der Feuchtigkeit im Oberboden profitieren ihrer Meinung nach nicht nur Bäume, sondern die Artenvielfalt aus anderen Pflanzen, Pilzen, Bakterien und Bodentierchen – sie alle halten das Ökosystem und damit auch die Buchen fit.[152]

Ein kleiner Hinweis am Rande: Buchenwälder bestehen von Natur aus nicht nur, sondern *hauptsächlich* aus Buchen. Daneben kommen viele andere Baumarten vor, ganz besonders die Eiche. Auch wenn die beiden Baumarten nicht unbedingt direkt zusammenarbeiten, so stärken sie sich vielleicht gegenseitig gerade in Zeiten des Klimawandels.

Zurück auf die landwirtschaftlichen Flächen: Hier gibt es für Bäume ein Riesenproblem. Wir haben schon über die Schwierigkeiten für die Wurzeln gesprochen, in verdichteten, sauerstoffarmen Böden zu wachsen. Leider sind landwirtschaftliche Böden generell verdichtet – wer arbeitet heute noch mit Pferden?

Jeder Quadratmeter wurde Hunderte Male von schweren Traktoren befahren und dadurch zusammengepresst. Solche Schäden regenerieren sich, wenn überhaupt, in Zeiträumen, die nach Jahrtausenden gemessen werden. Lediglich der obere Bodenbereich kann sich durch Frost (dabei dehnt sich das Wasser aus und lockert das Erdreich) sowie die Wühltätigkeit großer und kleiner Tiere ein wenig lockern.

Doch auch hier geben die Forschungsergebnisse von Todd Dawson Anlass zur Hoffnung. Die von ihm untersuchten Bäume durchdrangen mit starken Wurzeln die Verdichtungsschicht und pumpten aus dem sich darunter befindenden Erdreich nachts Wasser nach oben, wo es von den flacheren Wurzeln in den aufgelockerten Boden abgegeben wurde.[153]

Nichts geschieht in der Natur zufällig. Das Hinaufpumpen von Wasser kostet die Bäume Energie. Dass sie damit auch nachts nicht aufhören, birgt gerade in trockenen Sommern mehrere Vorteile. Das Tiefenwasser wird in den Bereich der vielen Feinwurzeln gepumpt, die dicht unter der Oberfläche wachsen. Am nächsten Morgen können die Bäume quasi gleich frühstücken, also mit der Fotosynthese loslegen. Dazu brauchen sie neben dem Wasser auch Nährstoffe, und die werden mit dem Wasser herausgelöst und von den Würzelchen gleich mit aufgesaugt.

Dass die Bäume das Erdreich nachts befeuchten, ist ein schlauer Schachzug, wie uns der eigene Garten zeigt. Falls Sie einen solchen besitzen, dann wissen Sie vielleicht auch, wann der günstigste Zeitpunkt ist, die Beete zu gießen. Es ist der Abend, weil dann die Sonne nicht mehr scheint, es kühler wird und das Gießwasser nicht gleich wieder verdunstet. Es kann langsam in den Boden einziehen und steht am nächsten Morgen den Pflanzen vollständig zur Verfügung. Wenn Bäume sich selbst gießen, warum sollten sie es dann anders machen? Zudem haushalten sie mit ihren Kräften, wenn sie nur nachts wässern – würden sie es auch tagsüber tun, wenn die Fotosynthese und die Kühlung Höchstleistungen verlangt, dann müssten sie die verfügbare Pumpkapazität drastisch erhöhen, die nachts in dieser Höhe gar nicht gebraucht würde. So aber schnurrt das Pumpwerk Tag und Nacht gleichmäßiger, bloß mit unterschiedlichem Zweck.

Wenn wir Bäume so profitabel in der Landwirtschaft einsetzen, dann gewinnen wir nebenbei ein Stückchen Natur zurück. Die Baumstreifen bieten Vögeln, aber auch vielen anderen Tieren Unterschlupf und Nahrung. Die geschundene Feldflur gewinnt mit den Bäumen ein Stück ihrer wilden Seele zurück – allein das wäre es schon wert.

Wenn die Vorteile von Bäumen so offensichtlich sind, wenn sichtbar wird, dass auch im Wald der konventionelle Weg gescheitert ist, warum dauert es dann so lange, bis sich endlich etwas ändert? Könnte es womöglich mit daran liegen, dass wir viel zu oft auf das einsetzende Verständnis auch noch der letzten Hardliner warten?

Müssen alle mit ins Boot?

Im Herbst 2020 diskutierten wir im Kreise von Umweltschützern über ein vorbildliches Bewirtschaftungskonzept. Gerade in Zeiten sich auflösender Plantagen, hektischer »Schadholzräumung« und anschließender Wiederaufforstung wäre es gut, alternative Beispiele als Erprobungs- und Anschauungsobjekte zu haben. Die ökologischen Bewirtschaftungsmethoden sollten zum Nachlesen schriftlich fixiert werden. Im Laufe der Diskussion tauchte die Frage auf, ob Harvestereinsatz, also der Einsatz von Vollerntemaschinen, übergangsweise toleriert werden könne. Allein, dass diese Frage überhaupt gestellt wurde, hat mich wirklich auf die Palme gebracht. Denn die Kompromisshaltung von einigen Umweltverbänden gegenüber der klassischen Forstwirtschaft hat eine Brutalisierung der Holzernte über Jahrzehnte nicht verhindern können, ganz im Gegenteil. Schwerste Maschinen hatten ja erst um das Jahr 1990 begonnen, ihren Siegeszug anzutreten, und auch die Größe der Kahlschläge war nur zwischenzeitlich etwas zurückgegangen, um aktuell auf den größten Umfang seit Jahrzehnten anzusteigen. In dieser Situation Rücksicht auf Forstbetriebe zu nehmen, die zwar ihr Image aufbessern, nicht aber konsequent auf Bodenzerstörung verzichten wollen, halte ich nicht mehr für zeitgemäß. In der Diskussion fiel sinngemäß die Aussage, man solle letztendlich alle mit ins Boot holen. Diese Strategie darf im Wald als endgültig gescheitert gelten.

Alle mitzunehmen bedeutet eben auch, sich dem Tempo des Langsamsten anzupassen. Was es heißt, auch den letzten

Zweifler noch mit an Bord haben zu wollen, erlebten wir in den letzten Jahrzehnten der Umweltpolitik. Trotz technischer Neuerungen steigt der globale CO_2-Ausstoß weiter an, und selbst die Corona-Pandemie hat keine entscheidende Richtungsänderung bewirkt.

Auch im Wald sind die Erfolge der NGOs überschaubar. Trotz unendlich vieler Dialoge, teilweise auch heftiger Angriffe hat sich das System der Forstwirtschaft nicht zum Besseren gewandelt. Wie bereits erwähnt verzeichnen wir heute die größten Kahlschläge seit Jahrzehnten, und das, obwohl alle Bundesländer Gegenteiliges in ihren Richtlinien formuliert haben. Gewiss gibt es ein paar Fleckchen Wald, die vorbildhaft bewirtschaftet werden, wie etwa in der Hansestadt Lübeck. Doch diese Fleckchen sind nicht viel mehr als der berühmte Tropfen auf dem heißen Stein, der in diesem Fall eine zunehmende Brutalisierung der Forstwirtschaft mit Großmaschineneinsatz und sogar Gifteinsätzen per Hubschrauber über riesigen Waldgebieten bedeutet.

Viel entscheidender ist, dass keine Fehlerdiskussion stattfindet. Es geht also nicht um eine Schuldzuweisung, sondern erst einmal um das Eingestehen des Scheiterns der bisherigen Methoden. Doch diese Einsicht fehlt – schuld ist nur der Klimawandel. Und weil selbst Laien bei Waldspaziergängen sehen, dass die Waldbewirtschaftung auf großer Fläche versagt, werden von den grünen Waldbetreuern Legenden verbreitet, weshalb es so kommen musste, wie es kam.

Die Forstwirtschaft beteuert angesichts der sterbenden Nadelwälder, dass die Schuld bei den Vorfahren liege. Diese hätten nach dem Zweiten Weltkrieg Holz für den Wiederaufbau liefern müssen, weshalb es zu der Anlage der riesigen Monokulturen aus Fichten und Kiefern gekommen sei. Abgesehen davon, dass bis zum heutigen Tage Koniferenplantagen angelegt werden, hat diese Praxis eine viel längere Tradition.

Der amerikanische Förster und Naturschützer Aldo Leopold besuchte in den 1930er-Jahren Deutschland, das Land seiner Ahnen. Dabei registrierte er, dass der viel gerühmte deutsche Wald hauptsächlich aus naturfernen Nadelbaumplantagen bestehe, in denen Wild zu Jagdzwecken gehalten werde, und nannte das Desaster das »German problem«. Und dieses Problem besteht bis heute.

Der viel gepriesene Waldumbau zu natürlicheren Wäldern findet ausweislich der letzten Bundeswaldinventur von 2012 kaum statt. Unsere wichtigsten Baumarten, Buche und Eiche, haben nur noch einen Anteil von 15 bzw. zehn Prozent. Liefe der Waldumbau tatsächlich schon seit Jahrzehnten auf Hochtouren, so müssten besonders viele dieser Laubbäume in den jüngsten Beständen bis 20 Jahre Alter zu finden sein. Doch weit gefehlt – hier lag deren Anteil bei der Inventur nur bei zwölf bzw. sechs Prozent.[154] Seit Aldo Leopolds Zeiten tritt die Forstwirtschaft bestenfalls auf der Stelle.

Wie soll man diesen gordischen Knoten lösen? Indem man ihn durchschlägt, oder, wie Knut Sturm, Leiter des Stadtforstamtes Lübeck, in einem Radiobeitrag formulierte: »Nehmt den Förstern den Wald weg!«[155] Ganz so radikal geht es sicher nicht, aber wir brauchen dringend anders ausgebildetes Personal für unsere grüne Lunge. Doch dieser Weg ist lang und steinig. Einige von uns werden ihn dennoch in Kürze beschreiten; mehr davon im nächsten Kapitel. Für viele Waldgebiete wird dieser frische Wind zu spät kommen, denn wenn alle alten Bäume gefällt sind, dauert es Jahrzehnte bis Jahrhunderte, bis der Wald sich regenerieren wird. Diese Zeit haben wir nicht mehr, und daher sollten wir ein anderes demokratisches Instrument zum Schutz der Bäume nutzen: den Klageweg.

Wie erfolgreich man damit dem Wald helfen kann, zeigten die Grüne Liga Sachsen und NuKLA, zwei Naturschutzvereine.

Sie zogen gegen die Stadt Leipzig vor Gericht. Anlass des Rechtsstreits waren Baumfällungen im Auwald, einem der größten verbliebenen in Mitteleuropa. Auf einer Fläche von 25 Quadratkilometern erstreckt er sich rund um kleine Flüsschen, Staubecken und Kanäle. Auch hier, Sie können es sich denken, versuchten Förster und Sachverständige der Stadt, dem Wald zu helfen, indem sie fleißig in ihm herumsägen ließen. Da der Leipziger Auwald ein europäisches Schutzgebiet ist, darf so etwas nicht ohne Verträglichkeitsprüfung stattfinden. Und genau hier setzte die Klage der beiden Umweltvereine an. Sie erreichten vor dem Oberverwaltungsgericht Bautzen am 9. Juni 2020 ein wegweisendes Urteil: Die Forstverwaltung müsse die aktuellen Holzeinschläge sofort stoppen und fortan ihre Maßnahmen gründlich prüfen. Diese müssten sich den Bestimmungen zum Schutzgebiet unterordnen und mit den beiden Umweltvereinen besprochen werden.[156]

Auch auf die Heiligen Hallen komme ich in diesem Zusammenhang noch einmal zurück. Um das kleine Reservat mit den ältesten Buchen Deutschlands erstrecken sich Wälder, die ebenfalls Schutz nach Europarecht genießen. Ihr Zustand, so die Rechtslage, darf sich nicht verschlechtern. Doch das interessierte das örtliche Forstamt wenig. Es ließ dort so viele Altbuchen fällen, dass große Teile des Gebiets mittlerweile einer Buschlandschaft gleichen. Das hat leider auch dramatische Konsequenzen für die Heiligen Hallen. Sie sind mit 67 Hektar viel zu klein, um sich in heißen Sommern selbstständig herabkühlen und befeuchten zu können. Dazu brauchen sie den großen Waldgürtel um das Reservat herum, und dieser Waldgürtel ist nun schwer beschädigt.

Mithilfe eines Rechtsgutachtens ging Professor Pierre Ibisch von der Hochschule Eberswalde dem Treiben auf den Grund. Das örtliche Forstamt ignorierte die anwaltlichen Schreiben, und so machten wir den Vorgang im Dezember 2020 über meine Social-Media-Kanäle öffentlich. Zwei Fernsehsender reagierten, die Tageszeitungen berichteten. Nun kam Mecklenburg-Vorpommerns Umweltminister Backhaus in Fahrt. Er wollte für die Touristenregion Schaden abwenden und verabredete sich mit uns zu einer Online-Konferenz. Das Resultat: Ein Einschlagsstopp im gesamten Großraum sowie die Bildung eine Arbeitsgruppe, die Überlegungen zur Erweiterung des Schutzgebiets erörtern wird.

Für mich ist das ein schönes Beispiel dafür, dass jeder Einzelne doch nicht so machtlos ist. Denn die Sache mit den Social-Media-Accounts hatte ja nur deshalb funktioniert, weil die Berichte in der Community so viel Aufsehen erregt hatten (oder besser ausgedrückt: so viel Likes erzielt hatten) – jeder Click zählt.

Mit dem Rücken zur Wand hat die Forstwirtschaft ein letztes Argument, welches im Zweifelsfall große Emotionen schürt und das logische Denken ausschaltet: Holz sichert Arbeitsplätze. Dieses Argument höre ich, egal wohin es mich verschlägt. Ob in Kanada, Polen, Schweden oder in Deutschland, mithilfe dieser Aussage werden selbst die brutalsten Kahlschläge gerechtfertigt. Vielleicht erinnern Sie sich an das Spielchen auch noch im Zusammenhang mit dem Ausstieg aus der Kohle: Auch hier wurden Ängste geschürt, kam es zu Protesten in den Kohleregionen, weil der Verlust des bisherigen Lebens auf dem Spiel stand. Dass uns allen ein wesentlich größerer Verlust droht, wenn wir so weitermachen wie bisher, ist in einer derart aufgeheizten Stimmung viel schwerer klarzumachen. Nur mit milliardenschweren Zahlungen an die Kohleindustrie war der Frieden wiederherzustellen, konnte ein (wenn auch viel zu fernes) Ziel des Ausstiegs festgeschrieben werden. Das klingt wie eine Blaupause für andere klimaschädliche Branchen, also zum Beispiel die Forstwirtschaft.

Die Forstwirtschaft ist naturgemäß ein sehr kleiner Wirtschaftssektor und hat entsprechend weniger Gewicht als die großen Stromerzeuger. Sie beeinflusst aber mit ihrem Handeln das lokale Wettergeschehen viel stärker als jeder andere Sektor, wenn wir an den Kühleffekt der Wälder und die Menge der Niederschläge denken. Wenig Gewicht und viel negativer Einfluss – da ist es naheliegend, dass hier politisch schnell ein Konsens gefunden werden kann, dieses Treiben abzustellen. In ihrer Not machen die staatlichen Forstakteure dasselbe wie eine Kröte, die von Vögeln gefressen zu werden droht: Sie richten sich auf, um größer zu wirken, und blasen sich gewaltig auf. Dieses Aufblasen geschieht durch den Cluster Forst und Holz.

Der Cluster ist ein Fantasiekonstrukt, eine virtuelle Vereinigung der gesamten Branche. Und weil diese viel zu klein ist, zählt man einfach alles dazu, was bei drei nicht auf den Bäumen ist. Waldarbeiter, Förster und Sägewerkspersonal – das klingt als Gruppe noch logisch. Zusammen sind das rund 110 000 Beschäftigte – eine auf den gesamten Arbeitsmarkt bezogen sehr kleine Gruppe. Um das politische Gewicht zu steigern, nimmt man einfach Riesenbranchen wie die Möbelhersteller, die Papierhersteller und das gesamte Verlagswesen hinzu. Kleiner Hinweis am Rande: Die beteiligten Branchen werden gar nicht gefragt, ob sie dazugehören wollen. Ich mache mir gerne den Spaß und frage nach, wenn ich zu Gesprächen bei Verlagen bin – dort wusste bisher keiner meiner Gesprächspartnerinnen und -partner, dass sie Teil des Clusters Forst und Holz sind.

Unter Vereinnahmung dieser ahnungslosen Wirtschaftsriesen wird die Zahl der Beschäftigten auf 1,1 Millionen verzehnfacht – geht doch![157] Jetzt ergibt sich ein politisches Schwergewicht, jetzt gibt es ein Arbeitsplatzargument, welches gegen die Schonung der Wälder ins Feld geführt werden kann. Schließlich kostet jeder nicht gefällte Baum Jobs!

Viel klarer kommunizieren das kanadische Holzfäller, wie mir David Suzuki erzählte. Kanadas bekanntester Umweltschützer hatte für Dreharbeiten ein Holzfällercamp auf Vancouver Island besucht. Rasch tauchten drei riesige Kerle aus dem Wald auf und versuchten, das Team zu vertreiben. Doch dann kam es überraschend zu einer Diskussion, und David sagte: »Kein Umweltschützer ist gegen Holzwirtschaft. Wir wollen nur sicherstellen, dass unsere Kinder und Enkel noch starke Bäume zum Fällen haben!« Einer der Holzfäller fiel ihm ins Wort: »Meine Kinder werden keine Holzfäller. Bis dahin gibt es keine Bäume mehr!«[158]

Meine persönliche Antwort auf die Frage in der Überschrift lautet: Nein, wir müssen nicht alle mit ins Boot holen. Wenn wir auch noch auf die letzten Hardliner warten, dann verwässern wir den notwendigen Reformationsprozess ins Unerträgliche. Diese Hardliner hatten jahrzehntelang Zeit, zu beweisen, dass sie mit dem ihnen von der Bevölkerung anvertrauten Wald verantwortungsvoll umzugehen vermögen. Das ist ihnen nicht gelungen, wie der Zustand des Waldes leider allzu deutlich beweist. Wer so lange und so gründlich danebenliegt, hat zwei Möglichkeiten: Entweder er gesteht Fehler ein und ändert sein Verhalten, oder er zieht die persönlichen Konsequenzen und überlässt es anderen, den Regenerationsprozess des Waldes sanfter zu begleiten.

Wir haben nicht weitere Jahrzehnte zur Verfügung, um zu schauen, ob es dieser Gruppe von Akteuren gelingt, doch noch alles zum Besseren zu wenden. Nein, der Wald braucht frischen Wind, und der kommt nur durch einen Wechsel des gesamten Bewirtschaftungssystems zustande.

Und die Brise frischt bereits auf!

Frischer Wind

Es wird an der Zeit, das System der Forstwirtschaft zu ändern. Was gibt es Besseres, als das System von innen heraus zu erneuern? Bei alten Hasen meines Alters funktioniert das nicht mehr so gut, also warum fangen wir nicht damit an, junge Menschen gleich von Anfang an anders auszubilden? Bisher kann man in Deutschland nur konventionelle Forstwirtschaft studieren, auch wenn die Hochschulen das sicher anders bewerten. Die gesamte Ausbildung, Studiengang und nachfolgender Vorbereitungsdienst oder Referendariat bei einer Landesforstverwaltung, bereiten vor allem auf den Staatsdienst vor, nicht auf ein allumfassendes Waldmanagement. Die staatlichen Forstverwaltungen greifen dabei sogar stark in die Lehrinhalte ein, und zwar über die Forstchefkonferenz. Dieses Gremium besteht aus den Leiterinnen und Leitern der Forstverwaltungen des Bundes und der Länder. Sie stimmen regelmäßig ein gemeinsames Vorgehen bei überregionalen Aufgaben ab. Im Falle der forstlichen Lehre formuliert die Forstchefkonferenz einen Anforderungskatalog für die zukünftigen Absolventinnen und Absolventen. Neben dem Holzmarkt dominieren die öffentlichen Forstverwaltungen nämlich auch den Arbeitsmarkt in diesem Sektor – da ist der Druck mehr als subtil.

Wie stark das der Fall ist, zeigen exemplarisch einige Wörter, die für ein regelrechtes Framing sorgen, das den Wald überwiegend als Rohstofffabrik sieht.

So wird nicht etwa von der Pflanzung von Nadel- oder Laubbäumen gesprochen, sondern vom Setzen von Nadel- oder Laubholz. Probieren Sie es ruhig aus: Man kann kein Holz pflanzen. In den Boden eingeschlagene Bretter werden sicher nicht austreiben. Das zu behaupten wäre so ähnlich, als würde ein Schweinezüchter vorgeben, er stelle Schnitzel in den Stall.

Auch später, wenn die Bäume schon zu stattlichen Exemplaren herangewachsen sind, wird ein Wald nicht als Ökosystem beschrieben. Eine der wichtigsten Kennziffern ist der Holzvorrat pro Hektar, also die Menge an Holz in Kubikmetern, die in Form lebender Bäume vorhanden ist. Wald ist demnach nichts als ein großes Vorratslager, deren Verwalter die Förster sind. Sie schauen, ob der Bestand an Ware ausreichend groß ist, ergänzen ihn durch Pflanzungen und schauen, was geerntet werden kann. »Hiebsreif« werden alte Bäume genannt, so wie Erdbeeren, die geerntet werden können und müssen. Im Unterschied zu roten Erdbeeren haben als hiebsreif bezeichnete Bäume häufig weniger als ein Drittel ihrer natürlichen Lebenserwartung erreicht, was eher grünen Früchten entspricht. Das Erntealter wird per Verwaltungsvorschrift festgelegt und schwankt in Abhängigkeit davon, was der Holzmarkt verlangt. Dicke, alte Buchen und Eichen, Wunderwesen der Natur, werden taxiert und ab einem bestimmten Durchmesser der »Endnutzung« zugeteilt, also dem Tod, schlimme Assoziationen inklusive.

Die passende Geschichte zur Gewissensentlastung wird nicht nur im Studium erzählt, sondern auch von vielen Försterinnen und Förstern, die draußen im Wald ihre Holzeinschläge in alten Wäldern verteidigen. Es ginge gar nicht um die Holzgewinnung, die ja gesetzlich ohnehin nicht im Vordergrund stehen darf. Nein, man würde nur den armen kleinen Buchen helfen, die im Schatten ihrer Mutterbäume gar nicht richtig wachsen würden. Folgerichtig nennt sich diese Rohstoffgewinnung mit massiven Kollateralschäden »Waldverjüngung«. Die Förderung der Jugendlichkeit klingt auch bei Bäumen besser als die Zerstörung uralter Wurzelnetzwerke. Fast schon sarkastisch ist die Zusammenfassung aller Holzeinschlagsmaßnahmen unter den Begriff der »Waldpflege«. Das wäre in etwa so, als würden Metzger behaupten, sie seien Tierpfleger.

Wer Wald während des ganzen Studiengangs hindurch immer wieder als Holzproduktionsmaschine vermittelt bekommt, der stumpft gegenüber den Wundern der Natur ab. Da ist es nicht mehr schlimm, wenn die großen Erntemaschinen alles in Grund und Boden walzen, da macht auch der Entzug gewaltiger Mengen an Biomasse kaum noch etwas aus. Die Fachkenntnisse in Bezug auf bedrohte Arten sind nach dem Studium äußerst mangelhaft, was mein Freund Sebastian Kirppu aus Schweden immer wieder bestätigt sieht. Er zeigt den Mitarbeiterinnen und Mitarbeitern der Forstbetriebe, wo extrem seltene Arten vorkommen, wie etwa bestimmte Flechten. Dadurch konnten schon viele Waldgebiete gegen den Widerstand der Forstindustrie unter Schutz gestellt werden, sodass sich Sebastian zu den meistgehassten Umweltschützern Schwedens zählen darf.

Mindestens genauso ungünstig ist der Umstand, dass Waldbesitzende bei Fragen kaum eine zweite Meinung einholen können. Die meisten freien forstlichen Sachverständigen sind durch das Studium und anschließend durch die Mühlen staatlicher Forstverwaltungen gegangen und beten fast wörtlich deren Aussagen nach.

Das durfte ich selbst in unserem Revier in Wershofen erfahren. Dort wollten wir die gesetzlich vorgeschriebene Waldinventur 2018 durch einen freien Sachverständigen durchführen lassen. In den staatlichen Inventuren wird immer noch im Altersklassenwald geplant, sprich in gleichförmigen, plantagenartigen Wäldern. Das wollten wir für Wershofen vermeiden, und so entschied sich die Gemeinde auf den Rat von Wohllebens Waldakademie hin für einen unabhängigen Gutachter. Doch dessen Schlussfolgerung entpuppte sich als große Enttäuschung. Er warnte in einer denkwürdigen Sitzung den Gemeinderat eindrücklich davor, dass der Wershofener Wald sich unter dem Einfluss der Waldakademie immer mehr zum Laubwald hin entwickele und dass die Nadelplantagen auf dem Rückzug seien. Um nicht vollends den Anschluss an die übrigen Forstbetriebe zu verlieren, riet er zu mehr Anbau von Fichten und Douglasien. Auch in den alten Buchenwäldern empfahl er dringend mehr Holzeinschlag. Wohlgemerkt: Es war Mai 2018, unmittelbar vor dem ersten von drei Rekorddürrejahren, in denen überall die Fichtenplantagen abstarben und das Ende dieser Baumart für die Forstwirtschaft eingeläutet wurde. Keine Frage, dass der Gemeinderat seinem Rat nicht gefolgt ist.

Seit Jahren wird unter aufgeschlossenen Försterinnen und Förstern darüber diskutiert, dass man einen neuen Studiengang für ökologische Waldbewirtschaftung brauche. Ein frischer Wind müsse wehen, um endlich Alternativen auf dem forstlichen Stellenmarkt zu schaffen. Auch bei uns in der Waldakademie geisterte dieser Gedanke schon lange Zeit herum, hatte aber in diesem Start-up nicht höchste Priorität.

Der letzte Anstoß kam eher zufällig. Im Sommer 2020 besuchte mich ein Team der *GEO*-Redaktion um die Chefredakteure Jens Schröder und Markus Wolff. Sie wollten sich einmal unsere neuen Gebäude anschauen, ein gemeinsames Mittagessen anschließen und dabei den aktuellen Stand von *Wohllebens Welt* besprechen. Es ging um die Zukunft des Magazins und die Frage, wie sich der allgemeine Einbruch im Zeitschriftenmarkt auf unsere weitere Zusammenarbeit auswirken würde. Entgegen dem Trend hielt sich das Magazin ganz wacker (hurra!), und es erfolgte die Zusage, dass wir auch

2021 Hefte produzieren wollten. Das Gespräch fand auf der Terrasse des örtlichen Hotels statt, nicht nur coronakonform im Freien, sondern mit Blick auf den Aremberg. Die Kuppe des schlafenden Vulkans ist mit alten Laubwäldern bedeckt, und während wir nach dem Essen bei einem Kaffee das Panorama bewunderten, fragte mich Jens Schröder, was ich noch an Träumen für die Zukunft hätte.

Ich kann mich, ehrlich gesagt, nicht mehr an meine Antwort erinnern, doch Wochen nach dem Treffen schrieb er mir eine E-Mail, dass er gerne meinen Traum von einem eigenen Studiengang aufgreifen würde. Sein Vorschlag: Wir würden uns zusammen mit Professor Pierre Ibisch nach Sponsoren und einer Hochschule umschauen und die Sache dann einfach angehen. Ich war wie elektrisiert, denn mir war schlagartig klar, dass die Realisierung dieses Traums nun zum Greifen nah war.

Wer mich kennt, weiß, dass ich schon immer ein Fan schneller Umsetzungen war und auch verrückte Ideen rasch verwirklicht habe, wenn sie einen echten Fortschritt bedeuteten. So habe ich Ende der 1990er-Jahre Survival-Trainings im Wald veranstaltet, um mit den Einnahmen die alten Buchenwälder meiner Heimatgemeinde zu retten. Sie sollten eigentlich der Säge zum Opfer fallen, doch es gelang mir, den Bürgermeister davon zu überzeugen, die fehlenden Holzeinnahmen anderweitig zu kompensieren. Obwohl die Tourismusverwaltung abwinkte und meine Forstbehörde leicht genervt meine Aktionen bestenfalls tolerierte, wurde das »Survival in der Eifel« ein echter Erfolg. Ein Förster, der mit seinen Gästen tagelang durch den Wald streift und sich dabei von Wurzeln und Insektenlarven ernährt, war vielen TV-Sendern eine Meldung wert, sodass ich mich über fehlende Werbung und Einnahmen für die Gemeinde nicht beschweren konnte.

Doch ein eigener Studiengang ist natürlich eine ganz andere Hausnummer, bietet allerdings auch ganz andere Chancen.

Fangen wir doch mit den Chancen an. Die allergrößte ist die pure Existenz eines solchen Studiengangs. Denn wenn dieser »Ökologische Waldbewirtschaftung« heißt – was sind dann alle anderen forstlichen Studiengänge? Sie werden in die konservative Ecke gedrängt, dorthin, wo auch die herkömmliche Landwirtschaft im öffentlichen Bewusstsein schon angekommen ist.

Zu meiner Überraschung fanden wir rasch großzügige Spenderinnen und Spender, die die erforderlichen Stellen für einen Koordinator und zwei Stiftungsprofessuren zusagten. Damit kämen auf eine noch zu wählende Hochschule kaum Kosten zu.

Wo siedelt man einen solchen Studiengang an? Natürlich an einer Hochschule, die sich Innovation und Ökologie auf die Fahnen geschrieben hat, und unsere Wahl fiel auf die Hochschule für nachhaltige Entwicklung in Eberswalde. Sie gehört zu den kleinsten Hochschulen Deutschlands, hat aber eine rebellische Tradition in Sachen Forst. Gesagt, getan. Im Dezember 2020 fanden erste Gespräche statt. Was danach passierte, glich dem berühmten Stich in ein Hornissennest. Der zuständige Fachbereich wollte entgegen dem Wunsch des Dekans und des Präsidenten der Hochschule dieses Thema noch nicht einmal diskutieren, gleichzeitig wurden allerlei vertrauliche Informationen nach außen durchgestochen. Es folgten hässliche interne, aber auch öffentliche Statements, die unser Vorhaben rasch in den Fachkreisen, aber auch darüber hinaus verbreiteten. Für eine seriöse Berichterstattung sorgte Jens Schröder, denn das war Teil unseres Plans: Eine breit angelegte gesellschaftliche Diskussion um den Wald und seine Nutzung.

Im Kern geht es bei den hässlichen Abwehrreaktionen der Branche um die Angst vor der öffentlichen Sicht auf die eigenen Angebote. In einer gemeinsamen Erklärung der Hochschulen und Universitäten mit forstlichen Studienangeboten legten die Unterzeichner nahe, von dem Vorhaben abzurücken – schließlich sei die Ökologie in den bestehenden Studiengängen ohnehin schon zentraler Bestandteil. Wenn es tatsächlich so ist und unser neuer Studiengang überflüssig wäre, dann könnten die traditionellen Anbieter doch entspannt zusehen, wie er mangels Nachfrage wieder verschwindet. Pikantes Detail am Rande: Unterzeichnet haben laut der Erklärung ganze Fachbereiche und Hochschulen, was den Eindruck einer geschlossenen Ablehnung der ganzen Branche erweckt.[159] Glücklicherweise stimmt das zumindest teilweise nicht, wie uns aufmunternde Rückmeldungen aus verschiedenen dieser Hochschulen zeigten.

Eine weitere große Sorge betrifft junge Studierende. Haben sie nun aufs falsche Pferd gesetzt? Was passiert, wenn sie sich mit ihrer konventionellen Ausbildung plötzlich Mitbewerberinnen und Mitbewerbern aus unserem Studiengang gegenübersehen? Angst überschätzt dabei oft die vermeintliche Gefahr; wir sprechen bei dem geplanten Studiengang über 20–30 Plätze pro Jahr.

Obwohl es uns gar nicht um Konfrontation geht, ist der Diskussionsprozess mit solchen Befürchtungen immerhin schon einmal in Gang gekommen. Die klassische Forstwirtschaft ist am Ende einer langen, zerstörerischen Reise angekommen, so deutlich, dass es jeder draußen auf den Kahlschlägen sehen kann. Der Wald stellt den konventionellen Studiengängen das ehrlichste Zeugnis aus – entweder sind diese immer noch zu sehr auf Plantagenwirtschaft eingestellt, oder es setzt niemand das an diesen Hochschulen erworbene Fachwissen so ein, dass sich der Zustand der Wälder bessert. Das Zeugnis, welches die Bäume ausstellen würden, wäre also ein Armutszeugnis. Es wird Zeit, die Ausbildung komplett zu reformieren, damit junge Menschen ausreichend darauf vorbereitet werden, den

Blickwinkel und die Bewirtschaftungsmethoden grundlegend zu ändern. Zum Glück ist es dafür noch nicht zu spät, denn das Ökosystem Wald ist trotz aller Beschädigungen noch immer flexibel und stark.

Der Wald kommt zurück

Die positive Nachricht setze ich bewusst an den Schluss: Der Wald kommt zurück, sofern wir ihn nur lassen.

Das gilt zumindest für alle Landschaften, in denen heute noch Waldflächen vorhanden sind, selbst wenn die Bäume momentan leiden. Wälder mussten sich in allen Zeiten regenerieren können, denn Katastrophen im Rhythmus von Jahrhunderten oder Jahrtausenden waren schon immer ihre Begleiter. Je nach Landstrich tauchten sie selten oder häufig (auf ein Baumleben bezogen) auf. So sind die Laubwälder im Osten Nordamerikas bis heute besonders gebeutelt, weil die Gebirgszüge in der Regel von Nord nach Süd verlaufen. Stürme, die warme Luft aus dem Süden und kalte Luft aus dem Norden ausgleichen, können deshalb besonders heftig zuschlagen. Quer stehende Gebirgsriegel wie die europäischen Alpen gibt es ja nicht. Selbst Wälder mit Buchen, Eichen und Ahorn werden deshalb oft nicht älter als 100 Jahre, bevor der nächste Wirbelwind sie umwirft.

In Europa sieht das anders aus: Hier sind Laubbäumen in Urwäldern oft 500 Jahre und mehr vergönnt, bevor sie zusammenbrechen. Flächige Sturmwürfe in Hektargröße sind eher selten, doch sie kommen vor. Und dennoch regeneriert sich die Gemeinschaft der Bäume, sofern man sie bei diesem Prozess in Ruhe machen lässt.

Noch aber wehren sich viele Menschen gegen diese kostenlose (Selbst-)Hilfe. Der verzweifelte Kampf mancher Plantagenbesitzer, an der von ihnen geliebten Nadelholzproduktion festzuhalten, ist fast schon rührend, zumindest in Bezug auf den Wald. Schon seit Jahren beobachte ich in der Nähe meines Reviers den Verfall eines Fichtenwalds, der exemplarisch das ganze Dilemma der Forstwirtschaft, aber gleichzeitig auch neue Chancen zeigt.

Im Sommer 2018 machten sich Borkenkäfer über eine kleine Ecke am Rande der Plantage her. Schon von Weitem leuchteten die Kronen der absterbenden Fichten, deren Nadeln sich im Todeskampf von Grün nach Rotbraun verfärbten. Wie Sie nun wissen, wäre es das Vernünftigste gewesen, zumindest die komplett abgestorbenen Bäume stehen zu lassen – mit toten Bäumen können Borkenkäfer nichts anfangen. Doch der Waldbesitzer fällte die Stämme, um aufzuräumen. Im folgenden Winter fegte ein mittelschwerer Sturm über die Parzelle. Das Loch am Rande des Wäldchens bot ihm eine gute Angriffsfläche. Die kampferprobten Randbäume, eine Art Wellenbrecher für Wind, waren ja verschwunden, und den schwankenden Kronen der dahinter stehenden Fichten war der Seitenhalt abhandengekommen. In der Folge stürzten Hunderte weitere Bäume um. Im Frühjahr räumte der Besitzer weiter auf und entfernte die Stämme, der Boden war also wieder ordentlich. Doch der Anfang war gemacht, und ein weiteres Jahr später stürzte der Großteil der restlichen Fichten in einem Spätwintersturm ebenfalls zu Boden.

Mittlerweile war der Holzmarkt in Deutschland zusammengebrochen – vielen Waldbesitzern war es ja ähnlich ergangen. Zusätzlich machte sich der Borkenkäfer über die verbliebenen kümmerlichen Plantagenreste her, was den Waldbesitzer nur zu noch mehr Eile anspornte. Schlussendlich war die Fläche kahl geschlagen, nur noch die umgekippten Wurzelteller zeugten von den Stürmen. Jetzt wäre die Chance zum Umdenken gewesen, doch nein, es mussten wieder Fichten sein, die jetzt zusammen mit Douglasien gepflanzt wurden. Wie kann man nur so ignorant sein?, schoss es mir durch den Kopf.

Schnurgerade Reihen von Koniferen zogen sich im Frühjahr 2020 den Berghang hinauf, inmitten von sprießenden Laubbäumchen und vielen Kräutern. Es war, als ob die Natur schüchtern auf sich aufmerksam machen wollte und kostenlose Hilfe anbot. Egal, der Mann kämpfte um jeden Nadelbaum. Im späten Frühjahr befreite er die Fichtensetzlinge von der üppig sprießenden Vegetation, indem er in den Reihen sorgsam alles Grün abschnitt. Die Antwort der Natur ließ nicht lange auf sich warten. Zuerst erfroren die Triebe vieler Nadelbäume in einem Spätfrost Mitte Mai. Die Kräuter neben den Bäumchen hätten die Kälte dämpfen können, doch sie fehlten nun. Danach wurde es trockener und heißer. Jetzt fehlte den Setzlingen bitter ein wenig Schatten. Viele von ihnen starben schon im Jahr der Pflanzung ab. Nicht so das Geschenk der Natur, Tausende Pappeln, Birken, Weiden oder Buchen.

Das Drama ist noch nicht zu Ende und hat doch etwas Hoffnungsvolles, denn die Natur hat Zeit. Selbst wenn der Besitzer noch einmal eine Nadelbaumkultur pflanzen lässt, das unausweichliche Scheitern der Nadelholzwirtschaft nicht akzeptiert, bietet die Natur immer wieder ihre Hilfe an. Jedes Jahr sprießen neue Laubbäumchen, wachsen unbekümmert trotz des Klimawandels und der Dürresommer und zeigen, dass sie eine kostenlose und bessere Alternative sind. Obwohl der Kahlschlag eigentlich schlechte Laune erzeugen sollte, muss ich jedes Mal beim Vorübergehen lächeln.

Wirklich verwunderlich ist das Handeln des Mannes aber nicht, wenn man bedenkt, dass sich die meisten Waldbesitzenden an den Empfehlungen aus den Reihen der klassischen Forstindustrie orientieren. Selbst der Vorsitzende des wissenschaftlichen Beirats für Waldpolitik beim Bundeslandwirtschaftsministerium, Professor Jürgen Bauhus, glaubte 2020 offenbar nicht, die Natur könne den Wald nach Hunderten von Millionen Jahren selbst wieder aufbauen. Er äußerte in einem

Interview für die *Stuttgarter Zeitung* einen Satz, der das ganze Dilemma, aber auch die Arroganz der konservativen Forstwissenschaft bündelt: »Er (der wissenschaftliche Beirat, Anm. des Autors) erarbeitet seine Gutachten auf Grundlage wissenschaftlich gesicherter Erkenntnisse und kann es sich nicht leisten, mit evidenzfreien Narrativen, zum Beispiel über Selbst-Heilungskräfte der Natur, Politikberatung zu betreiben.«[160] Diesen Satz muss man sich einmal auf der Zunge zergehen lassen. Die Berater des wichtigsten Gremiums zum Thema Wald beraten die Politik dahingehend, dass es die Natur, salopp gesagt, nicht mehr draufhat. Würde dies stimmen, wäre Wald ohne den gestaltenden Menschen verloren. Wie nur kann sich da die endlose sibirische Taiga oder der Amazonas-Regenwald noch halten? Mit dieser Einstellung hat die Forstwirtschaft endgültig die Bodenhaftung verloren. Angesichts der Herausforderungen, die der Klimawandel für uns bereithält, wäre mehr Demut angebracht.

Wie stark die Kraft des zurückkehrenden Waldes ist, können Sie selbst in Ihrem Garten oder auch in der Stadt beobachten. Schauen Sie in den Blumenbeeten nach, dann tauchen dort immer wieder Baumsämlinge auf. Würden Sie Ihren Garten nicht pflegen, so wäre er innerhalb von zehn Jahren ein junger Wald. Ihren Überlebenswillen zeigen auch Birken, die in Dachrinnen und auf Mauern trotz größter Sommertrockenheit ausharren.

Meinen Aha-Moment hatte ich, als ich im Rahmen einer Veranstaltung der Waldakademie auf eine Gruppe wartete. Treffpunkt war die Grillhütte in Wershofen, die auf dem Freizeitgelände der Gemeinde liegt. Neben dem Parkplatz fristet ein Tennisplatz ein unbeachtetes Dasein, weil er offensichtlich nicht mehr gebraucht wird. In den drei Trockenjahren 2018, 2019 und 2020 hat sich scheinbar niemand mehr um ihn gekümmert, was eine Heerschar von kleinen Bäumen schamlos ausgenutzt hat. Sie haben sich zu Hunderten auf dem trockenen, verdichteten Sandboden angesiedelt, haben ihre Wurzeln trotz glühender Sonne in die Fläche gesenkt und dort die drei Rekordtrockenjahre unbeschadet überstanden. Wenn selbst unter diesen extrem ungünstigen Bedingungen neuer Wald entsteht, ist mir um die Zukunft nicht allzu bange. Gewiss, wir müssen unseren Ressourcenverbrauch drosseln, müssen endlich aufhören, Unmengen an Treibhausgasen in die Luft zu pusten. Flankierend ist es zwingend, der Natur wieder mehr Raum zu geben, damit das Artensterben endlich gestoppt wird. Doch die Frage, ob Natur, ob Wald sich erholen kann, beantworten die tapferen Baumkinder auf dem Tennisplatz ganz eindringlich.

Diese Baumkinder weisen unschätzbare Vorteile auf: Sie sind bestens auf das örtliche Klima angepasst und weisen eine breite genetische Vielfalt auf. Baumschulware stammt aus wenigen anerkannten Saatgutbeständen, will heißen, es sind kleine Wäldchen, in denen die Bäume so wachsen, wie die Forstindustrie es will. Schlanke, gerade Bäume mit wenigen dicken Ästen am Stamm, sodass dieser gut zu Brettern und Balken verarbeitet werden kann. Es geht also vorwiegend um optische und technische Eigenschaften. Wie sozial sind die Bäume untereinander? Wie lernfähig sind sie? Das spielt bei der Auswahl keine Rolle und erinnert mich ein wenig an menschliche Intelligenztests, bei denen das logische Denken abgefragt wird, nicht aber die soziale Kompetenz.

Wilde Bäumchen mögen für die Forstindustrie nicht immer optimal heranwachsen, aber für das Überleben sind sie bestens gerüstet. Damit sind sie auch für uns Menschen die bessere Wahl, denn in Zukunft wird es weniger um die Frage gehen, wie viel Holz wir erzeugen können, als vielmehr, ob es überhaupt noch Wälder geben wird.

Eine Frage taucht bei vielen meiner Waldführungen immer wieder auf: Kann es gelingen, dass sich ein solcher Wildwuchs wieder zu einem Urwald entwickelt? Oder ist das unmöglich? Schließlich hat der wirtschaftende Mensch mit seinen Erntemaschinen viele Böden unwiederbringlich verdichtet und damit allein schon im Erdreich Fakten geschaffen, die ein ursprüngliches Wurzelwachstum der Waldbäume verhindern. Außerdem sind sicher schon viele Arten (vor allem sehr kleine wie die Bakterien) ausgestorben, die man nicht mehr ersetzen kann. Und selbst ohne diese Einschränkungen fehlen wirklich alte Bäume, fehlen dicke tote Stämme, kurzum: Jagen wir nicht einer Fata Morgana hinterher?

Das denke ich nicht. Ich glaube vielmehr, dass wir einfach die Sichtweise ändern sollten. Ein Urwald braucht selbst unter günstigen Bedingungen mindestens eine Baumgeneration lang Wachstum ohne aktive menschliche Störungen, sprich ohne Motorsäge. Je nach Baumart beträgt dieser Zeitraum viele Jahrhunderte. Das ist eine schlechte Nachricht für ungeduldige Wesen, die wir Menschen nun einmal sind. Dazu noch die Ungewissheit, ob solche Wälder tatsächlich wieder entstehen können – das klingt nicht nach einem Rezept, welches Kräfte zur Umsetzung freisetzt. Doch muss es wirklich gleich Urwald sein? Wie wäre es stattdessen mit Wildnis? Der *Duden* definiert Wildnis als »unwegsames, nicht bebautes, besiedeltes Gebiet«. Fügen wir noch »nicht manipuliertes« hinzu, so haben wir: Natur! Natur ist das Gegenteil von Kulturland, also all dessen, was wir über Jahrhunderte teils mühevoll umgestaltet haben. Sobald wir uns zurückziehen, passiert überall das Gleiche, wie ich es für den Wershofener Tennisplatz beschrieben habe: Der Wald holt sich sein angestammtes Terrain zurück. Je länger wir diese Areale in Ruhe lassen, desto wilder werden sie.

Mir gefällt der Begriff Wildnis übrigens sehr viel besser als der Ausdruck Natur, denn Wildnis ist zusätzlich viel emotionaler besetzt – es riecht gleich nach Freiheit und Abenteuern. Und er ist ehrlicher als der Behördenjargon: So gibt es in Deutschland nach Angaben des Bundesamtes für Naturschutz (BfN) 8833 Naturschutzgebiete auf 6,3 Prozent der Gesamtfläche. Eine weitere Kategorie, die Natura-2000-Gebiete (ein europäisches Netzwerk von Schutzgebieten) umfasst in Deutschland sogar noch mehr: 15 Prozent der Fläche sollen hier im Dienste der Natur stehen.[161] Dass dies nicht stimmt, haben wir schon am Beispiel des alten Buchenwalds Heilige Hallen gesehen. Ähnliches ließe sich für viele Schutzgebiete bis hin zu den Nationalparks berichten. Der Begriff »Natur« wird in diesem Zusammenhang so lange gedehnt und missbraucht, bis das Gebiet nur noch auf dem Papier das bietet, was man von ihm erwarten sollte: dass der Mensch dort komplett seine Finger aus dem Spiel lässt.

Wildnis hingegen, da sind sich alle einig, sollte wirklich in Ruhe gelassen werden. Daher ist sie ein guter Gradmesser dafür, wie viel Fläche wir tatsächlich den wilden Mitgeschöpfen überlassen wollen. Für Deutschland blieb dieser Gradmesser für das Jahr 2020 bei 0,6 Prozent der Gesamtfläche stehen. Nur 0,6 Prozent bieten also das, was andere Kategorien vorgeben, nämlich echten Schutz. Politisches Ziel waren zwei Prozent bis zum Jahr 2020,[162] was zugleich zeigt, dass bisher in sämtlichen anderen Kategorien unsere Interessen Vorrang genossen, oft nur mit geringen Einschränkungen. So dürfen selbst in Nationalparks Kahlschläge angelegt werden, die im Gegensatz zu den Wirtschaftsforsten sogar erheblich größer sind. Das Holz wird dann an nahe Sägewerke verkauft, wodurch die Schutzgebiete in Bezug auf wertvolle Biomasse regelrecht ausbluten.

Achten Sie daher auf den Begriff Wildnis – alles andere ist nur allzu häufig eine Mogelpackung.

Das Schutzprojekt der Waldakademie hat einen ähnlichen Sinneswandel hinter sich. Ursprünglich ist das Team angetreten, um die verbliebenen alten, halbwegs intakten Buchenwälder durch ein Pachtmodell aus dem Verkehr zu ziehen. Das Ziel: die möglichst rasche Wiederherstellung von Urwäldern.

Die Eigentümer, meist Kommunen, erhalten einen finanziellen Ausgleich dafür, dass sie auf den Schutzflächen kein Holz mehr einschlagen. Die großzügigen Pachten simulieren die Forstwirtschaft, ohne dass ein einziger Baum gefällt werden muss. Die Summe pro Hektar entspricht mehr als dem Kaufpreis der Stämme, die bei einem Kahlschlag angefallen wären. Nach Eingang des Geldes wäre in beiden Fällen, sowohl bei der Pacht als auch bei einem Kahlschlag, für die nächsten Jahrzehnte nichts mehr zu verdienen. Allerdings bleibt im Falle der Pacht der Wald erhalten, die Waldbesitzer erhalten das Geld sofort und damit einen Zinsvorteil, und das alles unabhängig vom Holzmarkt. Das Ziel haben wir mittlerweile auf alle Wälder ausgeweitet: Wildnis kann schließlich auch in einer abgestorbenen Fichtenplantage entstehen, wenn wir der Natur dort erlauben, selbst wieder echten Wald zu bilden. Voraussetzung: Die toten Fichten bleiben im Wald. Dort kühlt ihr Totholz die jungen Bäume, und die bleichen Stämme werfen immerhin noch etwas Schatten. Zudem bilden in die Freiheit entlassene Fichtenplantagen, aber auch jüngere Laubwälder, einen Klimapuffer um die Gebiete mit uralten Buchen.

Eine häufig gestellte Frage ist die nach der Rückkehr der kleinsten Lebewesen, die ja ganz wesentlich zum Funktionieren des Ökosystems Wald beitragen. Für Bodenbewohner wie Hornmilben oder Springschwänze ist die Frage schon so gut wie beantwortet, und zwar dank der Fichten- und Kiefernplantagen. Sie sind auf dem Großteil der Fläche Europas nicht heimisch, und deswegen hat es hier von Natur aus keine auf diese

Bäume spezialisierten Arten gegeben. Untersuchungen in meinem Revier haben gezeigt, dass sich auch in diesen Plantagen Winzlinge eingefunden haben, denen die sauren Nadeln offenbar schmecken. Die Artenzusammensetzung in diesen ehemaligen Plantagen unterscheidet sich deutlich von denen in den alten geschützten Buchenwäldern.

Doch wie sind die Knilche in den für sie passenden Wald gereist? Die wahrscheinlichste Möglichkeit sind Tiere. Wildschweine suhlen sich in matschigem Boden, um ihr Fell von Parasiten zu befreien. Dabei nehmen sie aber auch blinde Passagiere auf, die sie bei einem weiteren Schlammbad andernorts wieder abladen. Diese Methode überleben viele Springschwänze und Hornmilben sicher nicht, doch es gibt noch eine schonendere Transportmöglichkeit: Vögel. Die gefiederte Schar nimmt gerne Staubbäder, um wie die Wildschweine ungebetene Gäste loszuwerden. Dazu legen sie sich auf den Boden und plustern sich auf. Mit ihren Flügeln befördern sie Staub und Humus zwischen ihre Federn. Das kann sich über viele Minuten hinziehen. Anschließend schütteln sich die Vögel noch einmal kräftig, und schon geht es auf in einen anderen Wald. Mit an Bord sind auch in diesem Fall ein paar Reisende, die beim nächsten Staubbad andernorts abgeladen werden.

Noch kleinere Reisende sind Bakterien und Pilze. Ohne sie sind Bäume nicht vollständig – denken Sie an den Holobionten, das Ökosystem, welches Bäume (und auch wir) zusammen mit Tausenden von Kleinstlebewesen bilden. Neben Tieren haben diese eine andere, noch bessere Rückreisemöglichkeit: den Wind. Er bläst die winzigen Sporen von Pilzen aus der Erde und transportiert sie überall hin. So konnte ein Team um die Umweltwissenschaftlerin Dr. Bala Chaudhary selbst auf den Dächern ihres fünfstöckigen Universitätsgebäudes in Chicago innerhalb von zwölf Monaten 47 000 Pilzsporen nachweisen. Sie stammten von Arten, die im Boden mit Pflanzenwurzeln zusammenarbeiten, und das war das Besondere: Immerhin können diese Arten im Gegensatz zu oberirdisch wachsenden Pilzen ihre Sporen nicht so gut verteilen. Ein Großteil der gefundenen Arten stammte allerdings von Äckern, die beim Pflügen Staub und Sporen freisetzen.[163]

In Wäldern wird natürlich nicht gepflügt, ganz im Gegenteil: Hier sorgen die Bäume mit ihren Wurzeln dafür, dass der Boden festgehalten und nicht vom Wind fortgetragen wird. Doch die Pilze haben vorgesorgt und bilden wie ihre Kollegen auf Wiesen und Weiden Fruchtkörper aus, aus denen sie unzählige Sporen entlassen, die mit dem Wind davonfliegen. Diese Sporen können Sie sogar selbst sichtbar machen, indem Sie so einen Pilzhut einmal über Nacht auf ein weißes Blatt Papier legen. Wenn Sie den Hut am nächsten Morgen abheben, hat es sich im Bereich der Lamellen oder Röhren braun verfärbt – durch den nachts herausgerieselten Pilzstaub.

Solchen Pilzstaub atmen Sie übrigens ständig ein, auch jetzt, während Sie dieses Buch lesen. Pro Kubikmeter Luft schweben durchschnittlich zwischen 1000 und 10 000 Sporen herum – pro Atemzug gelangen davon bis zu zehn Stück in Ihre Lungen.[164]

Um Pilzsporen von Arten, die in Urwäldern wachsen, reisen zu lassen, braucht es vor allem eines: Urwälder. Aus diesem Grund ist es so wichtig, die letzten Urwälder Europas zu erhalten. Dort, wo es keine mehr gibt, sollten es die urwaldähnlichsten Reste sein, wie etwa die Heiligen Hallen, die wir konsequent schützen müssen. Von diesen Inseln aus können sich Pilze, Bakterien und all die kleinen Bodentierchen per Luftpost zu den neuen, jungen Wäldern aufmachen. Dort helfen sie den Bäumen, ihr ureigenstes Ökosystem wiederaufzubauen.

Die Rückkehr der Wälder kann sehr spannend sein und uns noch einmal deutlich vor Augen führen: Natur ist Veränderung! Je weiter wir das Pendel vom Idealzustand entfernt hatten, desto heftiger schwingt es nun zurück, wenn wir es wieder loslassen, sprich: wenn die Natur machen darf, was sie will. Und wo viel Bewegung ist, sind die Veränderungen besonders deutlich zu sehen. Ein Acker, der innerhalb weniger Jahre wieder mit jungen Bäumen bedeckt ist, ein junger Wald, dessen Pappeln und Birken alle ein bis zwei Jahre um einen Meter höher werden, das alles können Sie bei Ihren Spaziergängen mitverfolgen. Aktuell ist es der Zusammenbruch der naturfernen Plantagen, der besonders ins Auge fällt. Unternehmen wir dort nichts, so wandelt sich die ehemals grüne Wüste wieder in eine grüne Wildnis – und gerade hier gibt es von Jahr zu Jahr die größten Veränderungen. Erst rieseln die Nadeln von Fichten und Kiefern, und alles verwandelt sich in eine braune Ödnis. Spätestens ein Jahr später bedeckt sich schon der ganze Boden mit Gräsern, Kräutern und Tausenden winzigen Baumsämlingen. Ein weiteres Jahr später ragen etliche Laubbäumchen bereits über die anderen Pflanzen hinaus und beginnen, den Boden zu beschatten. Fünf bis zehn Jahre später hat der Jungwald die ganze Fläche bedeckt; Gräser, Kräuter und Sträucher verschwinden allmählich, weil es ihnen zu dunkel wird. Unter den Birken und Pappeln mogeln sich hier und da Eichen, Buchen oder Ahorne empor, um die zuerst angekommenen Baumarten einzuholen, dann zu überwachsen und in wenigen Jahrzehnten das Ruder komplett zu übernehmen.

Wenn Sie diesen Prozess in den Wäldern vor Ihrer Haustür mitverfolgen wollen, dann empfehle ich Ihnen, regelmäßig Fotos von derselben Position aus zu machen. Das kann eine markante Weggabelung oder ein besonderer Aussichtspunkt sein, den Sie auch noch nach Jahren wiedererkennen. Bäume sind langsam, doch in der Reihung der Bilder wird die Entwicklung der Natur schnell deutlich.

Wozu das alles? Um uns zu motivieren! Wenn wir selbst miterleben, wie sich die Dinge wieder zum Besseren wenden, dann schöpfen wir für die Zukunft neuen Mut. Und es ist kein Zweckoptimismus, den ich hier schüre: Wir haben allen Grund zur Hoffnung, dass der Wald mit den Herausforderungen, die wir ihm auferlegt haben, fertigwird. Wichtig ist nur, dass wir endlich einsehen, dass die Bäume selbst am besten wissen, wie sie ihr angestammtes Ökosystem wieder aufbauen können.

Wissenschaftler haben kürzlich ein neues Erdzeitalter ausgerufen: das Anthropozän. Wir sollten dieses Erdzeitalter beenden. Nicht in dem Sinne, dass die Menschheit abtreten sollte oder auch nur unsere Zivilisation. Aber wir sollten uns wieder eingliedern in den Kreislauf der Natur, sollten unseren Mitgeschöpfen wieder so viel Freiraum einräumen, dass auch sie unbesorgt in die Zukunft schauen können. Die Rückkehr der Wälder auf großer Fläche, wie sie einst die meisten Kontinente bedeckt haben, wäre dazu ein hoffnungsvolles Zeichen. Wie das möglich wäre, habe ich anhand der Reduktion des Fleischverbrauchs beispielhaft skizziert. Ich wünsche mir für die nahe Zukunft die Ausrufung des nächsten Zeitalters: des Zeitalters der Bäume.

Ich möchte das Buch beschließen, indem ich die Überschrift des Kapitels noch einmal aufgreife und den Satz so ergänze, wie er im Kinofilm »Das geheime Leben der Bäume« zu hören war. Denn erst im ganzen Zitat wird deutlich, dass wir unseren Fokus verlagern müssen: Der Wald kommt zurück. Es wäre nur schön, wenn wir dann noch da sind!

Von Nichtwissen und Vorsicht im Wald – ein Nachwort von Pierre Ibisch

Der menschengemachte Klimawandel bringt einiges durcheinander – um es milde auszudrücken. Er bedeutet immense Gefahren für die Welt, wie wir sie kennen. Als Wissenschaftler vor wenigen Jahrzehnten begannen, intensiver darüber nachzudenken, was die vom menschengemachten Treibhauseffekt verursachte Erwärmung für die Natur bedeuten könnte, waren die Risiken noch abstrakt. Man wusste nicht, was kommt. Seit einigen Jahren jedoch werden die Probleme real. In vielen Regionen gibt es eine Waldkrise. Ganze Landschaften trocknen aus, Waldbrände nehmen zu, jahrhundertealte Bäume sterben plötzlich ab, weil sie jahrelange Dürren nicht ertragen, heiße trockene Luft schädigt empfindliches Pflanzengewebe, Tiere leiden unter der Hitze, unter Wasser- und Nahrungsmangel.

Der Klimawandel erzeugt Stress für Mensch und Natur. Er erschüttert aber auch die Natur- und Forstwissenschaften in einem bisher nie da gewesenen Ausmaß. Man erwartet von Wissenschaftlern, dass sie Fragen beantworten, für die es keine guten Antworten gibt. Was wird sein? Wie sieht der Wald der Zukunft aus? Wie sollen wir uns jetzt anpassen, um auf zukünftige Herausforderungen besser vorbereitet zu sein? Plötzlich geht es nicht nur darum, neues Wissen zu schaffen und gesicherte Fakten mitzuteilen, sondern intelligent mit der Tatsache umzugehen, dass es eine große Unsicherheit gibt. Förster planen in langen Zeiträumen. Und Forstwirtschaft war immer eine Wette auf die Zukunft. Das ging gut, solange man irgendwie davon ausgehen konnte, dass in der Zukunft nicht alles anders sein würde als bisher.

Die Wissenschaftler haben gelernt, möglichst exakt zu messen und zu beschreiben, sie sortieren die Naturelemente nach ihrer Gestalt, ihrer Entstehung und nach ihren Funktionen. Die Forscher finden Naturgesetze und Regeln, mit denen sie erklären, warum bestimmte Phänomene existieren. Beispielsweise haben sich Generationen von Forstwissenschaftlern damit beschäftigt, wie die Bäume wachsen und wie viel Holz sie im Laufe ihres Lebens produzieren. Mit Ertragstafeln konnten Förster bestimmen, wann sie wie viel ernten konnten. Die Beurteilung von Standortbedingungen und ihre Eignung für die verschiedenen Baumarten ist für Förster eine wichtige Entscheidungsgrundlage für die Entwicklung ihrer Wälder. Im digitalen Zeitalter gibt es nun auch Computermodelle, die durch ihre Berechnungen auf solche Fragen vermeintlich noch exaktere Antworten geben können. Allerdings können solche Modelle nur so gut sein wie die ihnen zugrunde liegenden Annahmen. Wenn ein wichtiger Faktor im Modell vergessen wird oder gar nicht bekannt ist, dass es ihn gibt, führen die Ergebnisse ganz schnell in die Irre. Da kann man noch so gut gemessen und dokumentiert haben, wie bestimmte Bäume in der Vergangenheit gewachsen sind – wenn in der Zukunft ein anderes Klima herrscht, sind die Erfahrungen und Formeln aus der Vergangenheit nichts mehr wert.

Der Klimawandel macht uns also einen ganz dicken Strich durch die Rechnung. Plötzlich gelten neue Rahmenbedingungen etwa für das Pflanzenwachstum. So langsam schwant uns, dass in einigen Jahrzehnten ganz andere Standortbedingungen herrschen könnten – viel heißere und trockenere zum Beispiel –, sodass viele der uns vertrauten Pflanzen- und Tierarten vielleicht in ihrem angestammten Gebiet nicht überleben können. Vielleicht! Aber wann wird es so weit sein? Müssen wir deshalb jetzt handeln?

Förster brauchten in der Vergangenheit nicht daran zweifeln, dass die von ihnen behüteten oder gepflanzten Bäume dereinst von ihren Nachfolgern 100 bis 120 Jahre später geerntet werden könnten. Das ist heute gänzlich anders. Wir spüren, wie wichtig es wäre, in die Zukunft zu schauen, aber die Aussicht ist noch vernebelter als früher. Nun erforschen wir schon jahrhundertelang mit immer größerem Aufwand und mit immer präziseren Instrumenten und Methoden die Natur – und müssen doch erkennen, dass wir nicht einmal die einfachsten Fragen beantworten können. Was wird sein? Wir wissen es nicht. Das Nichtwissen betrifft auch nicht einfach Wissenslücken, die mit etwas mehr Anstrengung der Forscher gestopft werden könnten. Dieses Nichtwissen ist unauflösbar, es kann nicht beseitigt werden. Man muss lernen, mit ihm zu leben.

Als ab 2018 die extremen Sommerwitterungen den Wald sichtlich stressten, immer mehr Bäume abstarben und teilweise ganze Landstriche die Farbe von Grün auf Braun wechselten, wollten die Fernseh-, Rundfunk- und Zeitungsjournalisten wissen, was nun zu tun sei, um den Wald zu retten. »Wie krank ist der Wald?«, »Erleben wir ein neues Waldsterben?«, »Welche Bäume müssen wir denn jetzt pflanzen?«, und immer wieder die Frage: »Wie sieht der Wald der Zukunft aus?« Auch Politiker haben die gleichen Fragen. Das ist für Wissenschaftler unangenehm, weil Medienvertreter und Entscheider klare kurze Aussagen erwarten, kein »Sowohl als auch« und erst recht kein »Ich weiß nicht«.

Wer keine einfache Antwort gibt, wird vielleicht nicht wieder gefragt. So ist die Versuchung groß, scheinbar gewisse Entwicklungen darzustellen und konkrete Empfehlungen zu geben. Ein Ansatz mancher Wissenschaftler ist es zum Beispiel, ganz konkrete Baumarten zu empfehlen, die zukunftsträchtig sein sollen – das sind häufig Baumarten von anderen Kontinenten wie etwa Douglasien, Roteichen oder Japanische Lärchen. In der Konsequenz werden dann massenweise diese Arten in die Wälder gepflanzt. Dabei ist die Unsicherheit groß, ob diese Arten wirklich gut mit einem zukünftigen Klima zurechtkommen, wie auch immer das überhaupt ausfallen mag. Die Frage ist sogar, ob die vermeintlichen Superbäume sich überhaupt in die Ökosysteme integrieren können oder gar von Krankheiten hinweggerafft werden. Womöglich schwächen die vielen Pflanzungen auch den natürlichen Wald noch zusätzlich.

Ausbrüche von Krankheiten wie das Eschentriebsterben, die Ahorn-Rußrindenkrankheit oder von Schädlingen wie etwa diverse Motten oder Borkenkäfer setzen aktuell sehr viele Baumarten unter Druck. Oft leiden die Bäume besonders stark unter den Attacken, wenn sie zum Beispiel durch Dürre oder Hitze vorgeschädigt waren. In der Vergangenheit wurden Förster und Wissenschaftler immer wieder davon überrascht, welche Baumarten wo und wann unter Schädigungen litten. Keine einzige dieser Baumartenkrisen war verlässlich vorhergesagt worden. Dies ist auch gar nicht möglich, weil so viele einzelne Faktoren zusammenwirken. Im Grunde war und ist nur klar, dass die Gefahren für den Wald und alle seine Lebewesen durch den Klimawandel gewaltig zunehmen. Der Rest ist Unsicherheit. Das ist an sich schon ein großes Problem. So zu tun, als gäbe es diese Unsicherheit gar nicht, ist gefährlich.

Das allzu häufig präsentierte Scheinwissen ist ebenfalls riskant. So produzieren einige Wissenschaftler mit Computermodellen bunte Karten, auf denen dargestellt ist, wo welche Baumarten in Zukunft vorkommen können oder Schwierigkeiten bekommen. Das sind dann oftmals Zeiträume in der zweiten Hälfte des Jahrhunderts, zum Beispiel 2041–2070. Allein die Jahreszahlen gaukeln eine Genauigkeit vor, die es nicht gibt. Vielmehr werden in diesen Berechnungen bestimmte Klimabedingungen vorausgesetzt, die sich unter sehr speziellen Bedingungen einstellen sollen. Dabei lehrt uns das Klima, dass es uns sehr kurzfristig mit immer neuen Effekten überraschen kann. Leider bedeuten die aktuellen Lektionen regelmäßig, dass wir Ausmaß und Unbestimmtheit des Klimawandels unterschätzt haben. Niemand hat vorhersehen können, dass der Monat April im letzten Jahrzehnt plötzlich völlig aus dem Rahmen fällt und außergewöhnlich trocken und warm wird. Wir ahnten nicht, dass uns der Jetstream im Sommer Rekordwetterlagen beschert. Wir wussten ja gar nicht wirklich, dass es diesen Jetstream überhaupt gibt oder dass er auf unser Wetter Einfluss nimmt. Kein Modell hat uns vor einer mehrjährigen Dürre in weiten Teilen Deutschlands gewarnt. Die wenigsten Forstwissenschaftler sahen kurzfristig eine derartige Waldkrise kommen, wie wir sie jetzt erleben. Das Problem war – im wahrsten Sinne des Wortes – unberechenbar.

Was liegt nun vor uns und dem Wald, und was ist zu tun? Die Situation ist vergleichbar mit einer Autofahrt auf einer mutmaßlich extrem gefährlichen Strecke im Hochgebirge. Wir sind sie noch nie gefahren. Wir ahnen, dass es enge Kurven gibt, steile Abgründe und plötzlich auftretenden Gegenverkehr an sehr schmalen Stellen ohne Leitplanken. Zusätzlich könnten Erdrutsche und Felsstürze drohen – vor allem bei Regenwetter, wenn die Straße auch noch rutschig wird und Nebel die Sicht behindert. Stellen wir uns drei Fahrertypen vor: Ein Risikofahrer würde sagen, dass er bislang noch immer unfallfrei unterwegs gewesen sei – so schlimm werde es schon nicht werden –, und dann losrasen. In diesem Fall ist allerdings klar, dass die Erfahrung aus der Vergangenheit auf der zukünftigen Strecke nur bedingt hilfreich ist. Ein technikgläubiger Fahrer würde vor dem Fahrtantritt unter anderem den neuesten Wetterbericht studieren, versuchen etwas über das Verkehrsaufkommen zu erfahren und das Fahrzeug mit Airbags, Lenkungs- und Bremsunterstützungssystemen sowie Warnleuchten ausstatten.

Der vorsichtige und risikobewusste Fahrer hingegen würde sich zwar auch um technische Sicherheit bemühen und den Gurt benutzen, aber vor allem die Geschwindigkeit drosseln, sich an jeder Kurve auf unerwarteten Gegenverkehr einstellen, hupen und sich regelmäßig auf eine nötige Vollbremsung vorbereiten.

Um es auf den Wald zu übertragen: Erstens ist das Motto »Es ist noch immer irgendwie gut gegangen – also weiter so wie bisher« keine Option. Zweitens werden uns mehr Wissen und mehr Technik nicht vor den unkontrollierbaren schnellen Veränderungen schützen, die uns überraschen werden. Einzig bleiben uns das Prinzip Vorsicht und das Prinzip Vorsorge. Zunächst müssen wir uns im Klaren darüber sein, dass die Zukunft ungeahnte Gefahren birgt, und akzeptieren, dass wir überrascht sein werden. Wir sollten uns bestmöglich über die drohenden Gefahren informieren. Aber es ist sinnlos, genau berechnen zu wollen, was nicht berechenbar ist. Deshalb gilt es, den Fuß vom Gas zu nehmen.

Im Wald heißt dies, ihm nicht so viel zuzumuten, ihn möglichst nicht so stark zu manipulieren und zu nutzen, sondern vielmehr die Kräfte zu fördern, die ihn widerstandsfähig machen. Wenn mehr als plausibel ist, dass es heiß wird, trocken und extrem, dann ist das Wissen weniger relevant, wann genau welche Klimabedingungen herrschen könnten und ob es global zwei oder drei Grad wärmer wird als vor 150 Jahren. Wichtig ist vielmehr, dass man den Wald unterstützt, sich selbst möglichst kühl und feucht zu erhalten.

Wir wissen, dass Waldökosysteme im Grunde komplexe Überorganismen sind, die dann gesünder sind, wenn sie über intakte Netzwerke zwischen allen Elementen verfügen. Deshalb ist es weniger wichtig, alle diese Teile und Netzwerkverbindungen genau zu studieren und zu beschreiben, als dafür zu sorgen, dass sie nicht zerstört werden.

Ob die Waldökosysteme selbst über genügend Kräfte verfügen, sich an die bevorstehenden Herausforderungen anzupassen, wissen wir auch nicht. Aber warum glauben wir Menschen klügere Lösungen für das Problem zu haben, nur, weil wir vorab erkennen können, dass es ein Problem geben wird? Die Natur ist kein simples Uhrwerk, das permanent gleichmäßig tickt. Vielmehr sind etwa Wälder komplexe informationsverarbeitende Systeme, in denen Information über Lösungen für Probleme im genetischen Material von Organismen und in ihrem Zusammenspiel gespeichert wird. Im Laufe der Evolution wird diese Information stetig getestet und weiterentwickelt. Deshalb könnte man tatsächlich davon sprechen, dass es eine ökosystemare Intelligenz gibt. Diese Intelligenz setzt kein Bewusstsein voraus und auch nicht die Fähigkeit, sich eine Zukunft vorstellen zu können. Aber sie ist die Bedingung dafür, dass in der Natur auch auf unvorhersehbare Ereignisse reagiert werden kann.

Wenn etwa ein Wald abbrennt, gibt es Pionierbaumarten, deren Samen relativ rasch eingetragen werden, um das Ökosystem neu zu starten. Sie sind bereits daran angepasst, mit den schwierigen Umweltbedingungen zurechtzukommen, die auf einer frischen Brandfläche herrschen. Sie können ohne Humus keimen, ertragen extreme chemische und physikalische Bedingungen. Oft ist dafür gesorgt, dass diese Bäume – wie zum Beispiel Zitterpappeln – auf den Brandflächen bereits wichtige Partner wie etwa Mykorrhiza-Pilze vorfinden, mit deren Hilfe sie besser durchstarten können.

Das alles muss nach einem Brand nicht neu erfunden werden; das Ökosystem kann die Lösung – völlig unbewusst – aus seinem »Gedächtnis« abrufen. So verschließen Waldökosysteme durch unvorhersehbare Störungen wie Feuer oder Sturm hervorgerufene »Wunden«. Die Vegetation wird wieder geschlossen, der Boden wird schnell bedeckt und gesichert. Die Aktivität der Pionierpflanzen bewirkt, dass sich neuer Boden bildet, der beschattet und gekühlt wird, dringend benötigtes Wasser wird zurückgehalten, und immer weitere Arten können dazukommen und das Ökosystem wiederaufbauen. Es scheint nicht weit hergeholt, solche Prozesse als »Selbstheilungskräfte« der Natur zu bezeichnen. Vergleichbare Abläufe und Funktionen sind für vielerlei Ökosysteme beschrieben. Sie kommen auch zum Tragen, wenn eine Veränderung der Umwelt oder eine Krankheit dazu führt, dass einzelne wichtige Arten ausfallen. Das ist auch aktuell in der Waldkrise zu beobachten. Dort, wo etwa Buchen auf extremen Standorten nach der enormen Dürre abgestorben sind, starb nicht der Wald, sondern andere, trockenheitstolerantere Baumarten wie Hainbuchen oder Linden erhielten neue Möglichkeiten, sich am Wiederaufbau des Waldes zu beteiligen.

Um zu rechtfertigen, dass die Förster angesichts des Klimawandels noch stärker eingreifen müssten als vorher – und auf keinen Fall natürlichen Prozessen vertrauen sollten –, äußerte ein renommierter Professor für Waldbau aus Freiburg in einem Interview in der *Süddeutschen Zeitung*, dass die Idee der Selbstheilung der Natur »evidenzlos« sei. Das ist einer der schlimmsten Vorwürfe, die Wissenschaftler etwaigen Konkurrenten machen können. Evidenzlos heißt, es gibt keine Beweise für Behauptungen oder Empfehlungen – es meint also, sie seien unwissenschaftlich. In diesem Falle scheint der Vorwurf eine doppelte Krise der Forstwissenschaften zu offenbaren. Zum einen zeigt sich, dass existierendes Wissen über das Geschehen in der Natur ausgeblendet und regelrecht geleugnet wird, um das eigene Handeln zu rechtfertigen. Zum anderen deutet sich ein schweres wissenschaftliches Missverständnis an. Es geht nämlich nicht (mehr) darum, dass Wissenschaftler die letztgültigen Beweise antreten, um in Zeiten schwerer Not

Empfehlungen auszusprechen. Wer kann schon beweisen, dass die Ökosysteme in Zukunft mit allen Herausforderungen zurechtkommen? Natürlich niemand – viel spricht sogar dagegen, wenn nämlich der Klimawandel so heftig ausfällt, wie die plausiblen Szenarien vermuten lassen. Tatsächlich geht es aber um genau diese Plausibilität. Wie plausibel und wahrscheinlich ist es denn, dass Forstwissenschaftler, die vor wenigen Jahren noch nicht einmal in der Lage waren, eine schwere Waldkrise vorherzusagen, besser wissen, wie der Wald der Zukunft entstehen kann, als die Natur selbst, die seit Jahrmillionen den Umgang mit Nichtwissen und Überraschungen trainiert?

Der Klimawandel lehrt uns auch in dieser Hinsicht Demut. Dringend müssen wir lernen, mit unserem Nichtwissen kompetenter umzugehen. Wir sollten uns unserer Sache nicht so sicher sein – und außerdem das Wissen der Natur nicht leichtfertig in den Wind schlagen. Statt zu glauben, dass clevere Ingenieure und ihre technischen Lösungen die Rettung bringen, sollten wir eher nach den guten alten Prinzipien von Vorsicht und Vorsorge handeln. Nichtwissen, das wir erkennen und respektieren, kann uns ein guter Berater sein.

Dank

Ich habe schon viele Bücher geschrieben und ebenso viele meiner Familie gewidmet. Auch der Dank an Verlagsmitarbeiterinnen und -mitarbeiter ist nicht zu kurz gekommen. In diesem Buch möchte ich aber einmal Lars Schultze-Kossack aus dem Schatten seines Büros hervorholen. Er arbeitet bescheiden und dennoch ungeheuer effektiv, wenn es darum geht, meine Bücher vertraglich zu betreuen. Lars, seine Frau Nadja und das ganze Agentur-Team verhandeln Konditionen, kümmern sich um Anfragen, verteidigen gegen Copyright-Verletzungen und haben sogar schon einen Kinofilm mit auf die Beine gestellt. Verhandeln ist nicht mein Ding – ich würde gerne jedem alles geben. Schön, dass Lars dann die notwendigen Grenzen aufzeigt, aber vor allem ein Türöffner ist. Ohne ihn wäre ich nicht beim Ludwig Verlag gelandet, bei dem ich mich so wohlfühle.

Ein zweiter großer Dank gilt den Mitarbeiterinnen und Mitarbeitern der Waldakademie. Sie sind Anlaufstelle für alle begeisterten Leserinnen und Leser, die noch Fragen haben oder einfach einmal vorbeikommen wollen, um zu sehen, wo all die Bäume stehen, die mich inspiriert haben. Weil das Team die ganze Arbeit macht, kann ich mich auf den Teil der Veranstaltungen konzentrieren, bei dem ich als Dozent anwesend bin. Dort habe ich dann das Vergnügen, mit Menschen durch die Wälder der Eifel zu streifen und das zu machen, was mein Lebensinhalt ist: Über das Leben der Bäume zu sprechen.

Anhang

1 https://www.sueddeutsche.de/wissen/kastanien-schaedlinge-bluete-umwelt-1.5052988

2 Beispielsweise hier: https://www.infranken.de/ratgeber/garten/garten-jahreszeiten/kurios-im-herbst-bluehende-baeume-schmuecken-die-natur-in-franken-art-3666516

3 https://www.swr.de/wissen/haben-pflanzen-gefuehle-100.html

4 https://www.bloomling.de/info/ratgeber/haben-pflanzen-ein-gehirn

5 Hagedorn F. et al.: Recovery of trees from drought depends on below-ground sink control, in: Nature Plants (2016), DOI: 10.1038/nplants.2016.111.

6 Solly, E. F. et al.: Unravelling the age of fine roots of temperate and boreal forests, https://www.nature.com/articles/s41467-018-05460-6

7 https://www.ncbi.nlm.nih.gov/pmc/articles/PMC6015860/

8 »Man kann die Erbse trainieren, fast wie einen Hund«, Interview in der GEO Nr. 09/2019, https://m.geo.de/natur/naturwunder-erde/21836-rtkl-kluge-pflanzen-man-kann-die-erbse-trainieren-fast-wie-einen-hund?utm_source=Facebook&utm_medium=Post&utm_campaign=geo_fanpage

9 https://www.mecklenburgische-seenplatte.de/reiseziele/nationales-naturmonument-ivenacker-eichen

10 Weltecke, K. et al.: Rätsel um die älteste Ivenacker Eiche, in: AFZ Nr. 24/2020, S. 12–17

11 Roloff, A.: Vitalität der Ivenacker Eichen und baumbiologische Überraschungen, in: AFZ Nr. 24/2020, S. 18–21

12 https://www.br.de/wissen/epigenetik-erbgut-vererbung100.html

13 Epigenetik in Bäumen hilft bei Altersdatierung, Pressemitteilung der TU München vom 18.11.2020

14 Bose, A. et al.: Memory of environmental conditions across generations affects the acclimation potential of scots pine, in: Plant, Cell & Environment, Volume 43, Issue 5, 28.01.2020, https://doi.org/10.1111/pce.13729

15 Hussendörfer, E.: Baumartenwahl im Klimawandel: Warum (nicht) in die Ferne schweifen?!, in: Der Holzweg, oekom Verlag, München, 2021, S. 222

16 Allen, Scott T. et al.: Seasonal origins of soil water used by trees, https://doi.org/10.5194/hess-23-1199-2019, veröffentlicht am 1. März 2019

17 https://www.kiwuh.de/service/wissenswertes/wissenswertes/wald-boden-wasserfilter-wasserspeicher

18 Veränderung der jahreszeitlichen Entwicklungsphasen bei Pflanzen, Umweltbundesamt, https://www.umweltbundesamt.de/daten/klima/veraenderung-der-jahreszeitlichen#pflanzen-als-indikatoren-fur-klimaveranderungen

19 Zimmermann, Lothar et al.: Wasserverbrauch von Wäldern, in: LWF aktuell 66/2008, S. 16

20 R. C. Ward, M. Robinson: Principles of Hydrology, 3. Aufl., McGraw-Hill, Maidenhead, 1989

21 Pressemitteilung der Bayerischen Landesanstalt für Wald und Forstwirtschaft, https://www.lwf.bayern.de/service/presse/089262/index.php?layer=rss

22 Flade, M. und Winter, S.: Wirkungen von Baumartenwahl und Bestockungstyp auf den Landschaftswasserhaushalt, in: Der Holzweg, oekom Verlag, München, 2021, S. 240

23 https://www.ncbi.nlm.nih.gov/pmc/articles/PMC125091/

24 Hamilton, W. D. und Brown, S. P: Autumn tree colours as a handicap signal, https://doi.org/10.1098/rspb.2001.1672

25 Döring, T.: How aphids find their host plants, and how they don't, in: Annals of Applied Biology, 16. Juni 2014, https://doi.org/10.1111/aab.12142

26 Archetti, M.: Evidence from the domestication of apple for the maintenance of autumn colours by coevolution, in: Proc. R. Soc. B.2762575–2580, https://doi.org/10.1098/rspb.2009.0355

27 Zani, Deborah et al.: Increased growing-season productivity drives earlier autumn leaf senescence in temperate trees, in: Science Vol. 370, Issue 6520, S. 1066–1071, 27.11.2020

28 Winter in Deutschland werden immer wärmer, Deutschlandfunk, 21.12.2020, https://www.deutschlandfunk.de/klimawandel-winter-in-deutschland-werden-immer-waermer.676.de.html?dram:article_id=489700

29 Bäume spüren den Frühling, in: SVZ, 25.03.2019, https://www.svz.de/ratgeber/eltern-kind/baeume-spueren-den-fruehling-id23115812.html

30 War der letzte Winter zu warm für unsere Waldbäume? Pressemitteilung der Eidg. Forschungsanstalt für Wald, Schnee und Landschaft WSL vom 19.03.2020

31 Gericht stoppt vorläufig Rodung im Hambacher Forst, https://www.spiegel.de/wirtschaft/soziales/hambacher-forst-gericht-verfuegt-einstweiligen-rodungs-stopp-a-1231705.html

32 Ibisch, P. et al.: Hambacher Forst in der Krise: Studie zur mikro- und mesoklimatischen Situation sowie Randeffekten, Eberswalde/Potsdam, 14. August 2019

33 https://www.greenpeace.de/themen/klimawandel/folgen-des-klimawandels/hitze-sichtbar-gemacht

34 Landesforsten RLP: Einschlagstopp für alte Buchen im Staatswald, Mitteilung des Ministeriums für Umwelt, Energie, Ernährung und Forsten vom 03.09.2020, https://mueef.rlp.de/de/pressemeldungen/detail/news/News/detail/landesforsten-rlp-einschlagstopp-fuer-alte-buchen-im-staatswald/?no_cache=1

35 Zimmermann, L. et al.: Wasserverbrauch von Wäldern, in: LWF aktuell, 66/2008, S. 19

36 Makarieva, Anastassia & Gorshkov, Victor. (2007). Biotic pump of atmospheric moisture as driver of the hydrological cycle on land. Hydrology and Earth System Sciences. 11. 10.5194/hessd-3-2621-2006.

37 Unterscheiden sich Laubbäume in ihrer Anpassung an Trockenheit? Wie viel Wasser brauchen Laubbäume?, Max-Planck-Institut für Dynamik und Selbstorganisation, https://www.ds.mpg.de/139253/05

38 Sheil, D.: Forests, atmospheric water and an uncertain future: the new biology of the global water cycle, in: Forest Ecosystems 5, 19 (2018). https://doi.org/10.1186/s40663-018-0138-y

39 van der Ent, R. J., H. H. G. Savenije, B. Schaefli, and S. C. Steele-Dunne (2010), Origin and fate of atmospheric moisture over continents, Water Resour. Res., 46, W09525, doi:10.1029/2010WR009127.

40 Dörries, B.: Kampf ums Wasser, Süddeutsche Zeitung, https://www.sueddeutsche.de/politik/aegypten-aethiopien-nil-damm-1.4950300

41 Holl, F.: Alexander von Humboldt. Mein vielbewegtes Leben. Der Forscher über sich und seine Werke, Eichborn Verlag, 2009, S. 118

42 Arabidopsis thaliana, https://www.spektrum.de/lexikon/biologie-kompakt/arabidopsis-thaliana/815

43 Crepy, M. und Casal, J.: Photoreceptor-mediated kin recognition in plants, in: New Phytologist (2015) 205: 329–338, doi: 10.1111/nph.13040

44 Wu, K.: Eine Astlänge Abstand: Social Distancing unter Bäumen, in: National Geographic, 08.07.2020, https://www.nationalgeographic.de/wissenschaft/2020/07/eine-astlaenge-abstand-social-distancing-unter-baeumen

45 Bilas, R. et al.: Friends, neighbours and enemies: an overview of the communal and social biology of plants, https://onlinelibrary.wiley.com/doi/pdf/10.1111/pce.13965?casa_token=z8gB0Z9Cny8AAAAA:fSwX9nnNww9tJcASawxW0kdRht_J1vED1Zc5ZrGnH-ifRcgZXgdDz9Cm91qclyNBS28rg5B6GF-Dfs8

46 Ramirez, K. et al.: Biogeographic patterns in below-ground diversity in New York City's Central Park are similar to those observed globally, in: Proceedings of the Royal Society B, 22.11.2014, https://doi.org/10.1098/rspb.2014.1988

47 Übersetzung aus dem Englischen, Ibisch, P. L. und Blumröder, J. S.: Waldkrise als Wissenskrise als Risiko, Universitas 888: 20–42, 2020, aus: Rodriguez, R. J. et al. 2009. Fungal endophytes: diversity and functional roles. 182(2): 314–330.

48 Hubert, M.: Der Mensch als Metaorganismus, Deutschlandfunk, 30.12.2018, https://www.deutschlandfunk.de/meine-bakterien-und-ich-der-mensch-als-metaorganismus.740.de.html?dram:article_id=436989

49 Entstanden Nervenzellen, um mit Mikroben zu sprechen? Mitteilung der Christian-Albrechts-Universität zu Kiel vom 10.07.2020, https://www.uni-kiel.de/de/universitaet/detailansicht/news/168-klimovich-pnas

50 https://www.bfn.de/themen/artenschutz/regelungen/vogelschutzrichtlinie.html

51 Fierer, N. et al.: The influence of sex, handedness, and washing on the diversity of hand surface bacteria, in: PNAS November 18, 2008 105 (46) 17994–17999, https://doi.org/10.1073/pnas.0807920105

52 Schüring, J.: Wie viele Zellen hat der Mensch? https://www.spektrum.de/frage/wie-viele-zellen-hat-der-mensch/620672

53 Ibisch, P. L. und Blumröder, J. S.: Waldkrise als Wissenskrise als Risiko, Universitas 888: 20–42, 2020

54 Cypiomka, H.: Von der Einfalt der Wissenschaft und der Vielfalt der Mikroben, http://www.pmbio.icbm.de/download/einfalt.pdf

55 Wir sind von Milliarden Phagen besiedelt, in: Scinexx, https://doi.org/10.1128/mBio.01874-17

56 Werner, G. et. al.: A single evolutionary innovation drives the deep evolution of symbiotic N2 fixation in angiosperms, in: Nature communications, 10.06.2014; doi: 10.1038/ncomms5087

57 Raaijmakers, J. und Mazzola, M.: Soil immune responses, in: Science, 17. Juni 2016, DOI: 10.1126/science.aaf3252

58 https://www.bpb.de/nachschlagen/zahlen-und-fakten/globalisierung/52727/waldbestaende

59 Erste Baumsprengung in Thüringen stellt Experten vor Probleme, in: Thüringer Allgemeine. 8. September 2019

60 BGH, Urteil vom 02.10.2012 – VI ZR 311/11

61 Deutliches Ergebnis: Nadelholz ist nicht ersetzbar, in: Holzzentralblatt Nr. 18 vom 30.04.2015, S. 391

62 Zum Beispiel hier: https://www.maz-online.de/Brandenburg/Wegen-des-Klimawandels-Pakt-fuer-den-Wald-schliessen

63 Von Koerber, Karl et al.: Titel: Globale Ernährungsgewohnheiten und -trends, München, Berlin 2008, externe Expertise für das WBGU-Hauptgutachten »Welt im Wandel: Zukunftsfähige Bioenergie und nachhaltige Landnutzung«

64 Rock, J. u. Bolte, A.: Welche Baumarten sind für den Aufbau klimastabiler Wälder auf welchen Böden geeignet? Eine Handreichung. https://www.wbvsachsen-anhalt.de/index.php/component/jdownloads/send/14-dokumenteoeffentlich/115-ig-waldbodenschutz-st-rock?option=com_jdownloads

65 Vogel, A.: Rheinbacher Wald in katastrophalem Zustand, https://ga.de/region/voreifel-und-vorgebirge/rheinbach/rheinbacher-wald-in-katastrophalem-zustand_aid-43889517

66 Blattfraß an Baumhasel durch die Breitfüßige Birkenblattwespe, in: AFZ Der Wald, 21.10.2020, https://www.forstpraxis.de/blattfrass-an-baumhasel-durch-die-breitfuessige-birkenblattwespe/?utm_campaign=fp-nl&utm_source=fp-nl&utm_medium=newsletter-link&utm_term=2020-10-23-12&fbclid=IwAR0X84tLDDHuYNs-ZyGIR7uwb7EssQCXPovMiZ1soNrH7oXx6YBaP7GPinA

67 Können Bäume eine schwere Grippe bekommen? Pressemitteilung der Humboldt-Universität zu Berlin vom 06.08.2020, https://idw-online.de/de/news752279

68 Bauhaus pflanzt eine Million Bäume, https://richtiggut.bauhaus.info/1-million-baeume/initiative

69 https://richtiggut.bauhaus.info/1-million-baeume/initiative/faq

70 https://www.sdw.de/ueber-uns/leitbild/leitbild.html

71 https://www.sdw.de/cms/upload/pdf/Pflanzkodex_Bewerbungsbogen.pdf

72 https://growney.de/blog/langfristig-sind-reale-renditen-entscheidend

73 Holzmenge nach 100 Jahren 800 Kubikmeter, davon höchstens 400 Kubikmeter hochwertiges Sägeholz, welches nach Abzug der Ernte- und Verwaltungskosten durchschnittlich 30 €/Kubikmeter bringt, in Summe 12000 €

74 Dr. Tottewitz, Frank et al.: Streckenstatistik in Deutschland – ein wichtiges Instrument im Wildtiermanagement, https://web.archive.org/web/

20191103113631/https://www.jagdverband.de/sites/default/files/1-WILD_PosterGWJF_2016_Jagdstrecke.pdf

75 Dokumentations- und Beratungsstelle des Bundes zum Thema Wolf, https://dbb-wolf.de/Wolfsvorkommen/territorien/zusammenfassung

76 https://www.nabu.de/tiere-und-pflanzen/saeugetiere/wolf/wissen/15572.html

77 Dokumentations- und Beratungsstelle des Bundes zum Thema Wolf, https://www.dbb-wolf.de/mehr/faq/was-ist-ein-territorium-und-wie-gross-ist-es

78 Knauer, F. et al.: Der Wolf kehrt zurück – Bedeutung für die Jagd?, in: Weidwerk Nr. 9/2016, S. 18–21

79 Hoeks, S. et al.: Mechanistic insights into the role of large carnivores for ecosystem structure and functioning, in: Ecography 43, S. 1752–1763, 29.07.2020, doi: 10.1111/ecog.05191

80 Eines von vielen Beispielen: https://www.wald.rlp.de/de/forstamt-trier/angebote/brennholz/10-gruende-mit-holz-zu-heizen/

81 Pretzsch, H.: The course of tree growth. Theory and reality, in: Forest Ecology and Management, Volume 478, 2020, 118508, https://doi.org/10.1016/j.foreco.2020.118508.

82 Der Wald in Deutschland, ausgewählte Ergebnisse der dritten Bundeswaldinventur, S. 16, Bundesministerium für Ernährung und Landwirtschaft (BMEL), Berlin, April 2016

83 Piovesan, G. et al.: Lessons from the wild: slow but increasing long-term growths allows for maximum longevity in European beech, in: Ecology 100(9):e02737.10.1002/ecy.2737, 2019

84 Frühwald, A. et al.: (2001) Holz – Rohstoff der Zukunft nachhaltig verfügbar und umweltgerecht. Informationsdienst Holz, DGfH e.V. und HOLZ-ABSATZFONDS, Holzbauhandbuch, Reihe 1 Teil 3 Folge 2, 32 S.

85 https://www.fnr.de/fileadmin/allgemein/pdf/broschueren/Handout_Rohstoffmonitoring_Holz_Web_neu.pdf

86 https://www.robinwood.de/blog/aktionstag-wilde-wälder-schützen--nicht-verfeuern

87 Letter from scientists to the EU Parliament regarding forest biomass, 14.01.2018, https://plattform-wald-klima.de/wp-content/uploads/2018/11/Scientist-Letter-on-EU-Forest-Biomass.pdf

88 ClimWood2030, Climate benefits of material substitution by forest biomass and harvested wood products: Perspective 2030, Thünen Report 42, Hamburg, April 2016, S. 106, https://www.thuenen.de/media/publikationen/thuenen-report/Thuenen_Report_42.pdf

89 Klima: Der große Kohlenspeicher, Heinrich Böll Stiftung, 08.01.2015, https://www.boell.de/de/2015/01/08/klima-der-grosse-kohlenspeicher

90 Literaturstudie zum Thema Wasserhaushalt und Forstwirtschaft, Öko-Institut e.V., Berlin, 08.09.2020, S. 12

91 Dean, C. et al.: The overlooked soil carbon under large, old trees, in: Geoderma, Volume 376, 2020, 114541, https://doi.org/10.1016/j.geoderma.2020.114541

92 Soppa, R.: Waldbauern fordern 5 % aus CO2-Abgabe als Anerkennung für die Klimaschutzleistung ihrer Wälder, https://www.forstpraxis.de/waldbauern-fordern-5-aus-co2-abgabe-als-anerkennung-fuer-die-klimaschutzleistung-ihrer-waelder/

93 Für diese Technologie will Elon Musk einen Millionenpreis vergeben, in: Frankfurter Allgemeine Zeitung, 22.01.2021, https://www.faz.net/aktuell/wirtschaft/co2-bindung-elon-musik-vergibt-preis-fuer-diese-technologie-17159260.html

94 Carbon Capture and Storage, Umweltbundesamt, 15.01.2021, https://www.umweltbundesamt.de/themen/wasser/gewaesser/grundwasser/nutzung-belastungen/carbon-capture-storage#grundlegende-informationen

95 VW-Chef Herbert Diess: »Ich wünsche mir eine höhere CO2-Steuer von der Politik«, WiWo, https://www.wiwo.de/unternehmen/industrie/autoindustrie-vw-chef-herbert-diess-ich-wuensche-mir-eine-hoehere-co2-steuer-von-der-politik/25467716.html

96 Ellison, D. et al.: Trees, forests and water: Cool insights for a hot world, Global Environmental Change, Nr. 43/2017, S. 51–61, https://doi.org/10.1016/j.gloenvcha.2017.01.002.

97 Eckert, D.: 150 000 000 000 000 Dollar – der Wert des Waldes schlägt sogar den Aktienmarkt, in: Die Welt, https://www.welt.de/wirtschaft/article212771705/Neue-Studie-Waelder-der-Welt-sind-wervoller-als-der-Aktienmarkt.html?fbclid=IwAR0RCQF1F2mmE7KREGT0rrybT8sVIOrpDpV0f8qW6LHHqa2_0eQBALtP0L0

98 Pressemitteilung des Bundesministeriums für Ernährung und Landwirtschaft, https://bonnsustainabilityportal.de/de/2012/09/bmelv-13-kubikmeter-holzverbrauch-pro-kopf-in-deutschland/

99 Stickstoff im Wald, http://www.fawf.wald-rlp.de/fileadmin/website/fawfseiten/fawf/downloads/WSE/2016/2016_Stickstoff.pdf

100 Etzold, S. et al.: Nitrogen deposition is the most important environmental driver of growth of pure, even-aged and managed European forests. Forest Ecology and Management, 458: 117762 (13 pp.). doi: 10.1016/j.foreco.2019.117762

101 https://www.bmel.de/DE/themen/wald/wald-in-deutschland/wald-trockenheit-klimawandel.html

102 https://de.statista.com/statistik/daten/studie/162378/umfrage/einschlagsmenge-an-fichtenstammholz-seit-1999/

103 http://alf-ku.bayern.de/forstwirtschaft/245181/index.php

104 https://privatwald.fnr.de/foerderung#c39996

105 https://www.waldeigentuemer.de/verband/mitglieder/

106 https://www.abgeordnetenwatch.de/blog/nebentaetigkeiten/das-verdienen-die-abgeordneten-aus-dem-bundestag-nebenbei

107 https://www.waldeigentuemer.de/neustart-beim-insektenschutz/

108 https://www.fnr.de/fnr-struktur-aufgaben-lage/fachagentur-nachwachsende-rohstoffe-fnr

109 https://heizen.fnr.de/heizen-mit-holz/der-brennstoff-holz/

110 https://www.fnr.de/fnr-struktur-aufgaben-lage/fachagentur-nachwachsende-rohstoffe-fnr/mitglieder

111 Dazu die Zeitschrift *Ökotest*: »Hinter dem *PEFC*-Label verbirgt sich ein Zertifizierungssystem von Forstindustrie und Waldbesitzerorganisationen … Kaum eine Umweltorganisation unterstützt das PEFC-Label. Der WWF etwa hält das Waldzertifizierungssystem für »nicht glaubwürdig«, https://www.oekotest.de/freizeit-technik/Waldsterben-Was-jeder-einzelne-dagegen-tun-kann-_11401_1.html

112 https://www.bundeswaldpraemie.de/hintergrund

113 https://www.bundestag.de/mediathek?videoid=7481950&url=L21lZGlhdGhla292ZXJsYXk=&mod=mediathek#url=L21lZGlhdGhla292ZXJsYXk/dmlkZW9pZD03NDgxOTUwJnVybD1MMjFsWkdsaGRHaGxhMjkyWlhKc1lYaz0mbW9kPW1lZGlhdGhlaw==&mod=mediathek

114 Pressemitteilung des Max-Planck-Instituts für Biogeochemie vom 10. Februar 2020, https://www.mpg.de/14452850/nachhaltige-wirtschaftswalder-ein-beitrag-zum-klimaschutz

115 Waldschutz ist besser für Klima als Holznutzung: Studie des Max-Planck-Instituts für Biogeochemie mehrfach widerlegt, Pressemitteilung der Hochschule für nachhaltige Entwicklung Eberswalde vom 10.08.2020

116 Luyssaert, S. et al.: Old-growth forests as global carbon sinks, in: Nature Vol 455, 11.09.2008, S. 213ff.

117 https://www.bgc-jena.mpg.de/bgp/index.php/EmeritusEDS/EmeritusEDS

118 Verseck, K.: Holzmafia in Rumänien – Förster in Gefahr, Spiegelonline vom 01.11.2019, https://www.spiegel.de/panorama/justiz/holzmafia-in-rumaenien-zwei-morde-an-foerstern-a-1294047.html

119 Nationalpark-Verwaltung Hainich (Hrsg.) (2012). Waldentwicklung im Nationalpark Hainich – Ergebnisse der ersten Wiederholung der Waldbiotopkartierung, Waldinventur und der Aufnahme der vegetationskundlichen Dauerbeobachtungsflächen. Schriftenreihe Erforschen, Band 3, Bad Langensalza

120 Schulze, E. D., Sierra, C.A., Egenolf, V., Woerdehoff, R., Irsllinger, R., Baldamus, C., Stupak, I. & Spellmann, H. (2020a): The climate change mitigation effect of bioenergy from sustainably managed forests in Central Europe. GCB Bioenergy 12, 186–197, https://doi.org/10.1111/gcbb.12672.

121 Auf der Homepage der HNE nicht mehr verfügbar, dafür bei den Mitautoren der Naturwaldakademie: https://naturwald-akademie.org/presse/pressemitteilungen/waldschutz-ist-besser-fuer-klima-als-holz-nutzung/

122 https://www.thuenen.de/media/ti/Ueber_uns/Das_Institut/2020-02_Thuenen_Flyer_dt.pdf

123 Unter anderem Tweet vom 8. September 2020, der Account wurde 2021 auf »privat« umgestellt. https://twitter.com/BolteAnd

124 https://www.bmel.de/DE/ministerium/organisation/beiraete/waldpolitik-organisation.html

125 Pressemitteilung (inzwischen geändert) der HNEE https://www.hnee.de/de/Aktuelles/Presseportal/Pressemitteilungen/Waldschutz-ist-besser-fr-das-Klima-als-die-Holznutzung-Diskussionsbeitrag-zur-Studie-des-Max-Planck-Instituts-fr-Biogeochemie-E10806.htm, ursprünglicher Hinweis zum wissenschaftlichen Beirat in der Pressemitteilung auf der Seite der Naturwald Akademie: https://naturwald-akademie.org/presse/pressemitteilungen/waldschutz-ist-besser-fuer-klima-als-holz-nutzung/

126 https://www.carpathia.org

127 Krishen, P.: Introduction, in: The hidden life of trees, Penguin Random House India, 2016

128 Evers, M.: Wie ein Ölkonzern sein Wissen über den Klimawandel geheim hielt, https://www.spiegel.de/spiegel/wie-shell-sein-wissen-ueber-den-klimawandel-geheim-hielt-a-1202889.html

129 Offener Brief an die EU, https://drive.google.com/file/d/0B9HP_Rf4_eHtQUpyLVIzZE8zQWc/view

130 O'Brien, M. und Bringezu, S.: What Is a Sustainable Level of Timber Consumption in the EU: Toward Global and EU Benchmarks for Sustainable Forest Use, https://doi.org/10.3390/su9050812

131 https://de.statista.com/statistik/daten/studie/36202/umfrage/verbrauch-von-erdoel-in-europa/

132 Bundesverfassungsgericht, Urteil vom 31.05.1990, NVwZ 1991, S. 53

133 BVerfG, Beschluss des Zweiten Senats vom 12. Mai 2009 – 2 BvR 743/01 –, Rn. 1–74

134 Bundeskartellamt: Holzverkauf ist keine hoheitliche Aufgabe, https://www.bundeskartellamt.de/SharedDocs/Interviews/DE/Stuttgarter_Ztg_Holzverkauf.html

135 Schmidt, J.: Klage gegen NRW: Sägewerker aus Kreis Olpe machen mit, https://www.wp.de/staedte/kreis-olpe/klage-gegen-nrw-saegewerker-aus-kreis-olpe-machen-mit-id230970318.html

136 Kartellklage gegen Forstministerium Rheinland-Pfalz, in: Forstpraxis, 29.06.2020, https://www.forstpraxis.de/kartellklage-gegen-forstministerium-rheinland-pfalz/

137 Quelle: Homepage des Bundesinformationszentrums Landwirtschaft, https://www.landwirtschaft.de/landwirtschaft-verstehen/wie-arbeiten-foerster-und-pflanzenbauer/was-waechst-auf-deutschlands-feldern

138 Der Ökowald als Baustein einer Klimaschutzstrategie, Gutachten im Auftrag von Greenpeace e. V., https://www.greenpeace.de/sites/www.greenpeace.de/files/publications/20130527-klima-wald-studie.pdf

139 https://www.lwf.bayern.de/mam/cms04/service/dateien/mb-27-kohlenstoffspeicherung-2.pdf

140 Ausgewählte Ergebnisse der dritten Bundeswaldinventur, https://www.bundeswaldinventur.de/dritte-bundeswaldinventur-2012/rohstoffquelle-wald-holzvorrat-auf-rekordniveau/holzzuwachs-auf-hohem-niveau/

141 https://www.wiwo.de/technologie/green/methan-wie-rinder-dem-klima-schaden/19575014.html

142 https://albert-schweitzer-stiftung.de/aktuell/1-kg-rindfleisch

143 https://www.bmel-statistik.de/ernaehrung-fischerei/versorgungsbilanzen/fleisch/

144 https://www.umweltbundesamt.de/bild/treibhausgas-ausstoss-pro-kopf-in-deutschland-nach

145 https://www.epo.de/index.php?option=com_content&view=article&id=8430:ein-kilo-fleisch-so-klimaschaedlich-wie-1600-kilometer-autofahrt&catid=99:topnews&Itemid=100028

146 https://www.agrarheute.com/politik/niederlande-bieten-ausstiegspraemie-fuer-tierhalter-574652

147 Statistik des Bundesministeriums für Ernährung und Landwirtschaft für das Jahr 2019, https://www.bmel-statistik.de/ernaehrung-fischerei/versorgungsbilanzen/fleisch/

148 Gesetz über den Nationalpark Unteres Odertal, Gesetz- und Verordnungsblatt für das Land Brandenburg, Potsdam, 16.11.2006

149 https://www.wisent-welt.de/artenschutz-projekt

150 Ein 900 Kilo schweres Problem, taz, 24.05.2020, https://taz.de/Wildtiere-im-Rothaargebirge/!5684424/

151 Daudet, F. et al.: Experimental analysis of the role of water and carbon in tree stem diameter variations, in: Journal of Experimental Botany, Vol. 56, Nr. 409, S. 135–144, Januar 2005, doi:10.1093/jxb/eri026

152 Zapater, M. et al.: Evidence of hydraulic lift in a young beech and oak mixed forest using 18 O soil water labelling, DOI: 10.1007/s00468-011-0563-9

153 Dawson, T. E.: Hydraulic lift and water use by plants: implications for water balance, performance and plant-plant interactions, in: Oecologia 95, S. 565–574 (1993). https://doi.org/10.1007/BF00317442

154 Sperber, G. und Panek, N.: Was Aldo Leopold sagen würde, in: Der Holzweg, oekom Verlag, München, 2021

155 https://www.swr.de/swr2/wissen/waldschutz-nehmt-den-foerstern-den-wald-weg-100.html

156 GRÜNE LIGA Sachsen und NUKLA ./. Stadt Leipzig: Beschluss des OVG Bautzen vom 09.06.2020, https://www.grueneliga-sachsen.de/2020/06/gruene-liga-sachsen-und-nukla-stadt-leipzig-beschluss-des-ovg-bautzen-vom-9-6-2020/

157 Clusterstatistik Forst und Holz, Tabellen für das Bundesgebiet und die Länder 2000 bis 2013, Thünen Working Paper 48, Hamburg, Oktober 2015, S. 14

158 Aus dem Kinofilm »Das geheime Leben der Bäume«, Constantin, Januar 2020

159 https://www.hs-rottenburg.net/aktuelles/aktuelle-meldungen/meldungen/aktuell/2021/gemeinsame-erklaerung/

160 Baier, T. und Weiss, M.: Es ist nicht der Wald, der stirbt, es sind die Bäume, in: Stuttgarter Zeitung Nr. 228, 02.10.2020, S. 36, 37

161 https://www.bmu.de/themen/natur-biologische-vielfalt-arten/naturschutz-biologische-vielfalt/gebietsschutz-und-vernetzung/natura-2000/

162 https://wildnisindeutschland.de/warum-wildnis/

163 Symbiotic underground fungi disperse by wind, new study finds, Pressemitteilung der DePaul Universität Chicago, 7. Juli 2020

164 Spörkel, O.: Überraschend hohe Anzahl an Pilzsporen in der Luft, in: Laborpraxis, https://www.laborpraxis.vogel.de/ueberraschend-hohe-anzahl-an-pilzsporen-in-der-luft-a-200852/